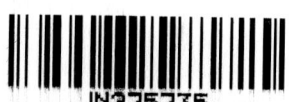

図解・電車のメカニズム

通勤電車を徹底解剖

宮本昌幸　編著

ブルーバックス

- カバー装幀／芦澤泰偉・児崎雅淑
- カバー写真提供／表：小田急電鉄（株）
  裏：東京地下鉄（株）
- 口絵・扉・目次・本文デザイン／工房 山﨑
- 図版／さくら工芸社

はじめに

本書の編著者の宮本は、2006年6月にブルーバックスで『図解・鉄道の科学』を上梓している。そこでは、鉄道車両がどのようにして走り、曲がり、止まれるかなど、鉄道システムの基本的な仕組みを中心に述べた。また車両については、新幹線も念頭にして書いた。

そのため、読者の皆さんにもっとも身近な通勤電車の各種のメカニズムについては、あまり触れていない。そのせいか、通勤電車についてもっと知りたいという要望も寄せられていた。

通勤電車は、時には定員の2倍近くの客を乗せ、数分間隔のダイヤ通りに正確に走り、止まり、月に2万kmもの距離を安全に走る。

ラッシュ時には混雑のため快適とはいえないが、クーラーのきめ細やかな制御で、不快感をできるだけ和らげている。液晶ディスプレイには到着駅名や乗り換え案内、ホームの階段やエスカレータなどの位置が示され、最新のニュースや楽しいCMまで流される。

さらにエネルギー消費やCO_2排出量の少ない、環境優等生のハイテク車両である。

- 運転ハンドルの操作方法は？
- 速度をコントロールする方法は？
- 走りを支える縁の下の力持ちの台車の仕組みは？
- 車体はどのような手順で作られる？
- ドアが開閉するメカニズムは？
- 空調の鉄道ならではの仕組みは？

——こうした疑問に答えて、通勤電車に的を絞り、構成している種々の装置の役割、メカニズムを中心に解説した本書を編著した次第である。

通勤電車は、各路線の特徴に合わせて最適な車両が設計されるので、細部まで見れば千差万別である。しかし基本的構成はいくつかに集約できる。

この本では、小田急電鉄の4000形と急曲線の多い東京地下鉄（東京メトロ）の10000系を例として取り上げた（カバー写真ならびに口絵「通勤電車カタログ-2／-3」参照）。

小田急4000形は、標準的な通勤電車の一つと位置づけられている東日本旅客鉄道株式会社（JR東日本）のE233系をベースとして設計された。東京メトロ千代田線への直通運転用電車で、2007年9月から営業運転されている。

主要な機器・回路を二重系化した「故障に強い車両」、バリアフリー化、居住性の向上、走行音の低減、リサイクル率向上など「人と環境にやさしい車両」を目指した車両である。

また東京メトロ10000系は、快適性や使いやすさの向上、リサイクル性の向上、火災対策の強化、車体強度の向上、コストダウン・省メンテナンスをコンセプトに、東京メトロの標準車両として開発された。2006年9月から営業運転されている。

本書では内容がきわめて広範囲かつ詳細にわたるので、以下の4人の方々にも執筆をお願いした。

下村　孝　　社団法人日本鉄道車輌工業会技術部（元日本車輌製造株式会社）
野中　俊昭　小田急電鉄株式会社 運転車両部
板垣　匡俊　小田急電鉄株式会社 運転車両部
松本　耕輔　東京地下鉄株式会社 鉄道本部 安全・技術部

（所属は執筆時）

車両設計・製作に携わってきた下村、鉄道事業会社の現役職員である野中、板垣、松本の4人が分担執筆した原稿は、いったん宮本が預かり編集、加筆を行った。したがって最終的な文責は編著者が負う。

基本的には前著の内容との重複を避けたが、話の流れが分かりやすくなるよう、前著の内容の概略を一部加えるなど、本著だけで完結して読んでいただける構成とした。その意味で前著と本著は補完しあう関係になるので、合わせてお読みいただければ、より理解を深めていただけると思う。

本書は執筆者らの経験や知識を総動員して書かれた。一般書ではきわめてレアな情報も多く含まれ、「こだわり&ディープな通勤電車の本」が実現できたと思っている。

本書は通勤電車を題材にしてはいるが、見方を変えると技術一般の本といえる部分も多い。通勤電車には、他の分野でも用いられている一般的な技術も多く用いられている。通勤電車に関心が薄い読者でも、この本を通して最近の技術の一端を垣間見てもらえると思う。

高度化し、ブラックボックス化して、分かりにくくなった技術の、一般読者への翻訳書となれば幸いである。

最後に図面の製作、写真・図の提供をいただいた小田急電鉄株式会社、東京地下鉄株式会社、東急車輛製造株式会社、住友金属工業株式会社、株式会社日立製作所、三菱電機株式会社、三菱重工業株式会社、東洋電機製造株式会社、日本車輛製造株式会社、株式会社東芝、株式会社ブリヂストン、ナブテスコ株式会社、アルナ輸送機用品株式会社、社団法人日本鉄道車輛工業会に、またいろいろお骨折りいただいたブルーバックス出版部に、厚くお礼申し上げます。

2009年12月20日　　宮本昌幸

図解・電車のメカニズム——もくじ

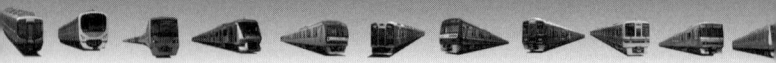

通勤電車カタログ - 1

JR東日本E233系
写真提供／
東日本旅客鉄道(株)

JR西日本321系
写真提供／
西日本旅客鉄道(株)

東武50090型
写真提供／東武鉄道(株)

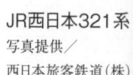

通勤電車カタログ - 2

西武30000系
写真提供／
西武鉄道(株)

京成3000形
写真提供／京成電鉄(株)

京王9000系
写真提供／京王電鉄(株)

小田急4000形
写真提供／
小田急電鉄(株)

東急6000系
写真提供／
東京急行電鉄(株)

京急新1000形
写真提供／
京浜急行電鉄(株)

通勤電車カタログ - 3

東京メトロ10000系
写真提供／
東京地下鉄(株)

相鉄11000系
写真提供／
相模鉄道(株)

名鉄3300系
写真提供／
名古屋鉄道(株)

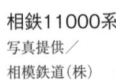

近鉄シリーズ21
写真提供／
近畿日本鉄道(株)

南海8000系
写真提供／
南海電気鉄道(株)

京阪3000系
写真提供／
京阪電気鉄道(株)

通勤電車カタログ-4

阪急9300系
写真提供／
阪急電鉄(株)

阪神1000系
写真提供／
阪神電気鉄道(株)

西鉄3000形
写真提供／西日本鉄道(株)

都営地下鉄12-000形
写真提供／東京都交通局

名古屋市営地下鉄
N1000形
写真提供／
名古屋市交通局

大阪市営地下鉄
30000系
写真提供／大阪市交通局

乗務員室の機器 - 1　小田急 4000 形

A 部

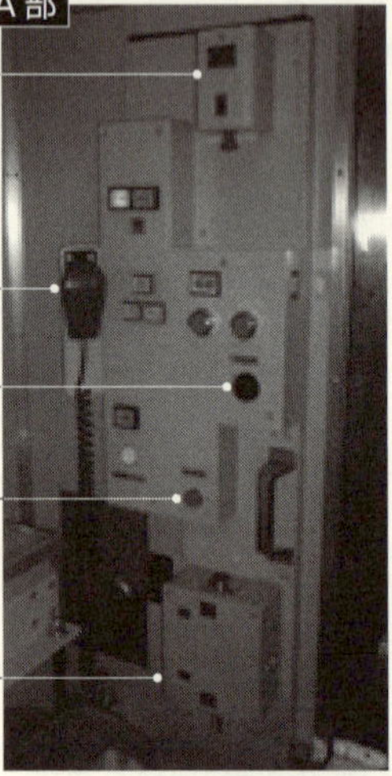

B 部

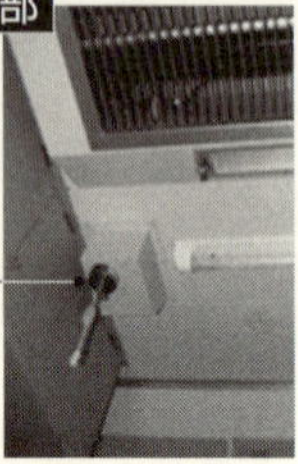

C 部

D 部左側

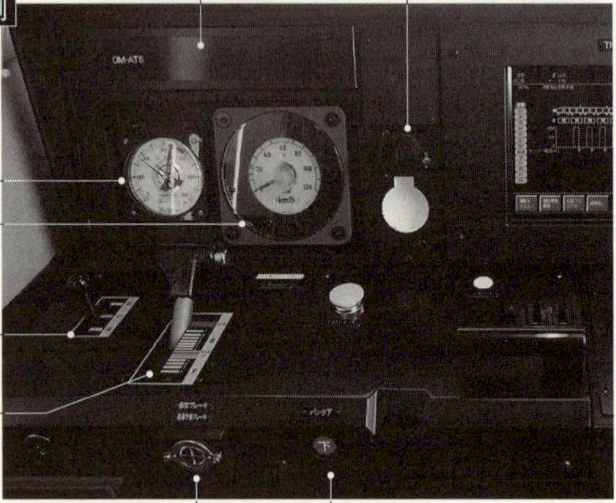

写真提供 / 小田急電鉄(株)

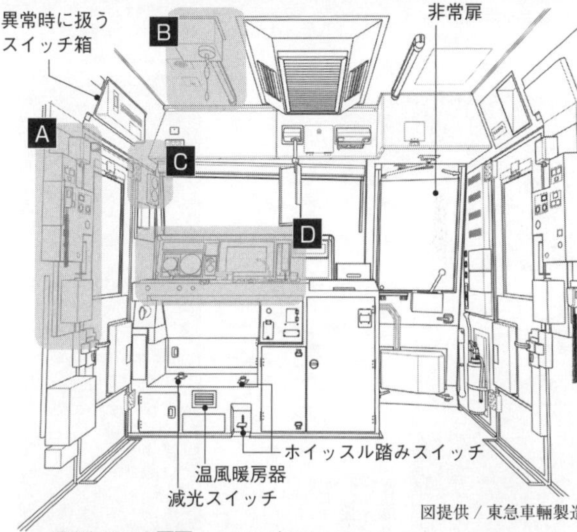
異常時に扱う
スイッチ箱
B
非常扉
A
C
D
ホイッスル踏みスイッチ
温風暖房器
減光スイッチ

図提供 / 東急車輛製造(株)

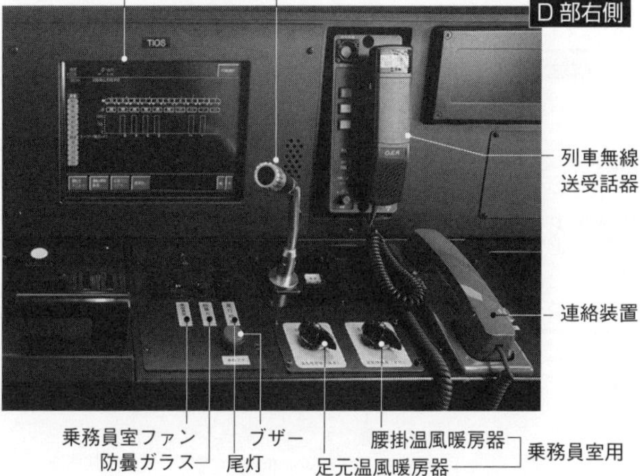
TIOS モニタ画面
ハンズフリーマイク
D 部右側
TIOS
列車無線
送受話器
連絡装置
乗務員室ファン
ブザー
腰掛温風暖房器
乗務員室用
防曇ガラス
尾灯
足元温風暖房器

乗務員室の機器 - 2　東京メトロ 10000 系

B 部

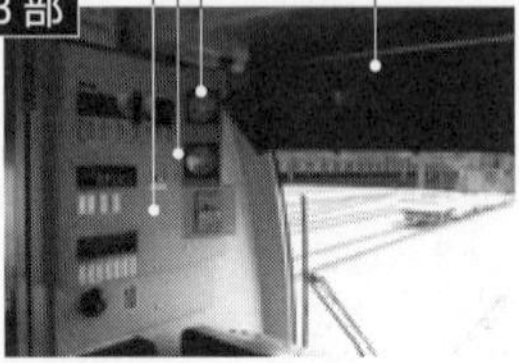

A 部

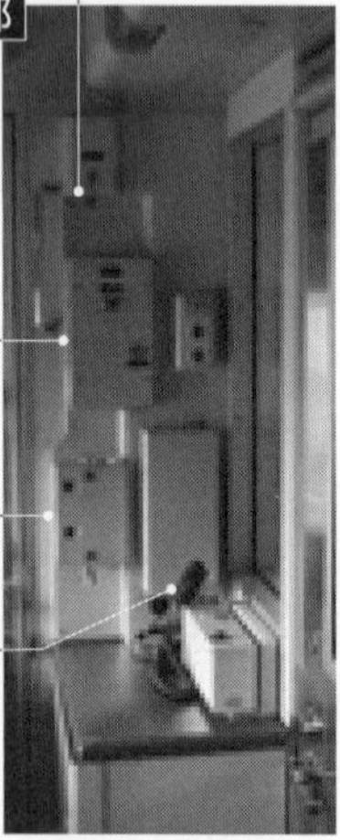

C 部

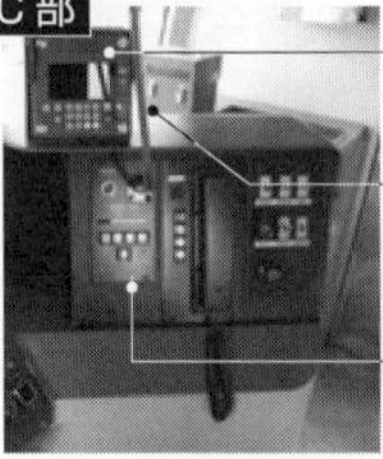

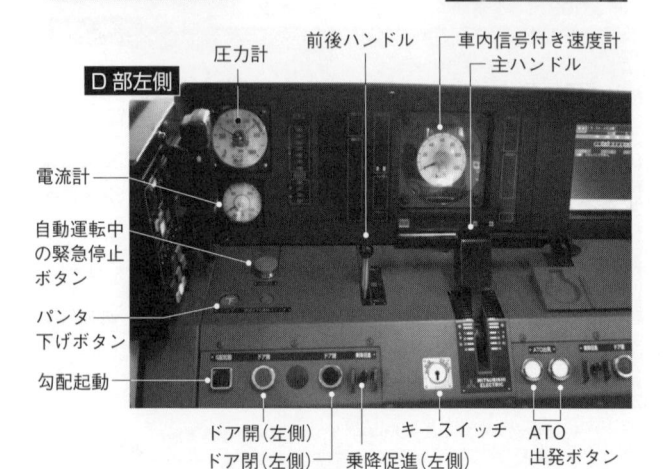

D 部左側

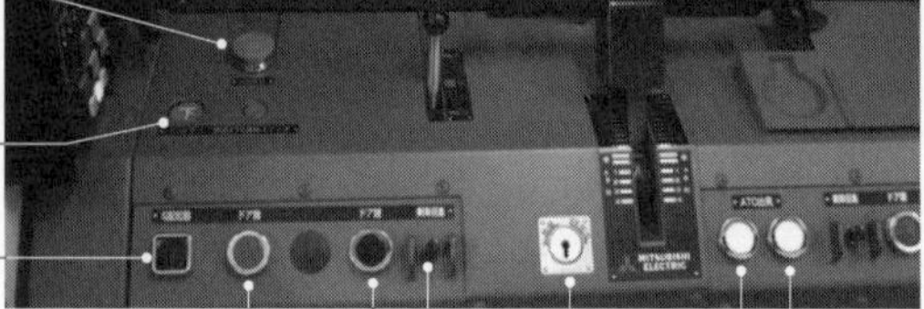

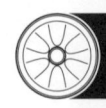

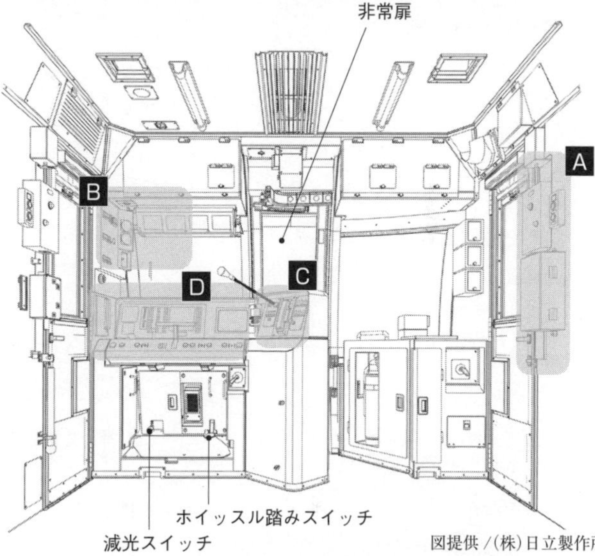

図提供 /(株)日立製作所

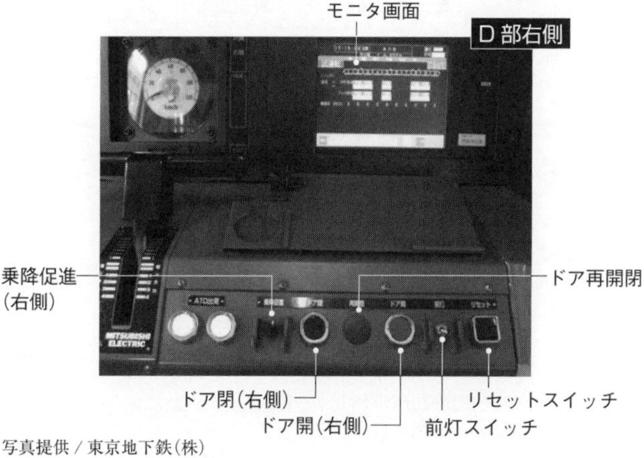

写真提供 / 東京地下鉄(株)

床下機器配置　小田急4000形

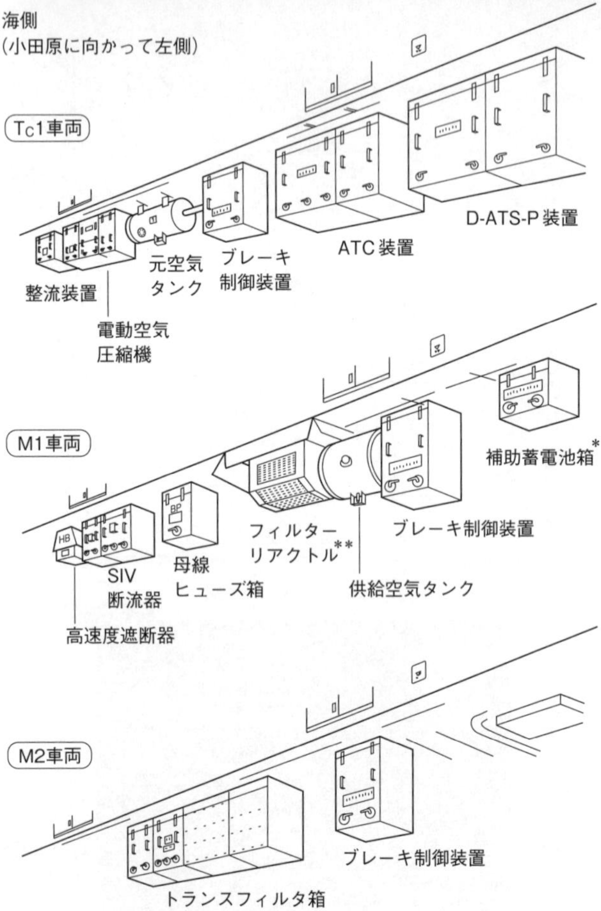

*主バッテリが機能しない時、最低限の機器を動作させるためのバッテリ。
** 直流に含まれる交流成分を平滑化する装置。
列車編成は150p図6-6参照

資料提供／小田急電鉄（株）

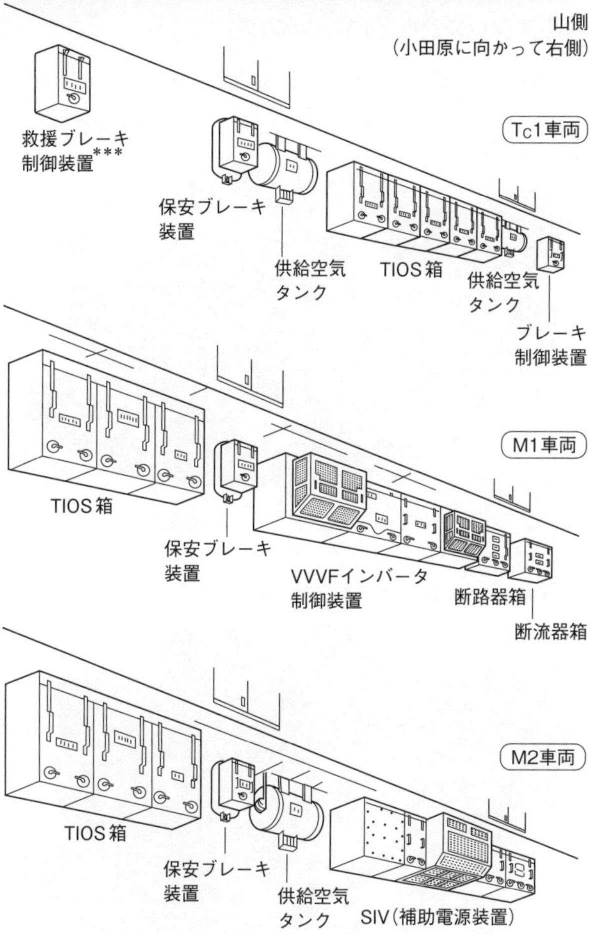

＊＊＊故障して救援に来た列車に連結した時、または、逆に故障車を救援のため連結した時、相互に非常ブレーキを動作させる装置。

台車の構造

ボルスタレス台車（小田急 4000 形）

（M 台車） M 台車：モータを備えた台車（電動台車）

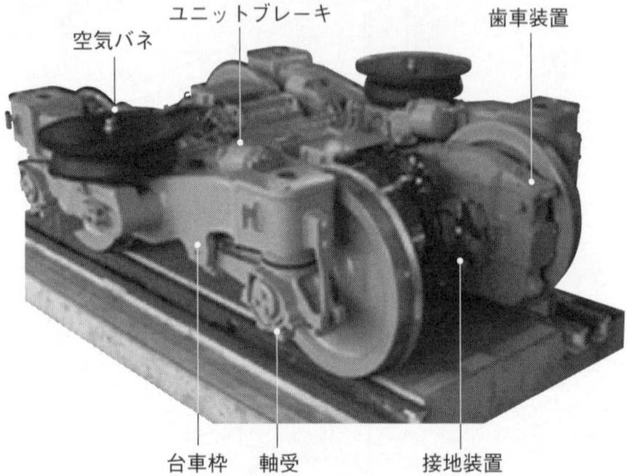

（T 台車） T 台車：モータのない台車（付随台車）

写真提供 / 東急車輌製造（株）

ボルスタ付台車（東京メトロ 10000 系）

M 台車

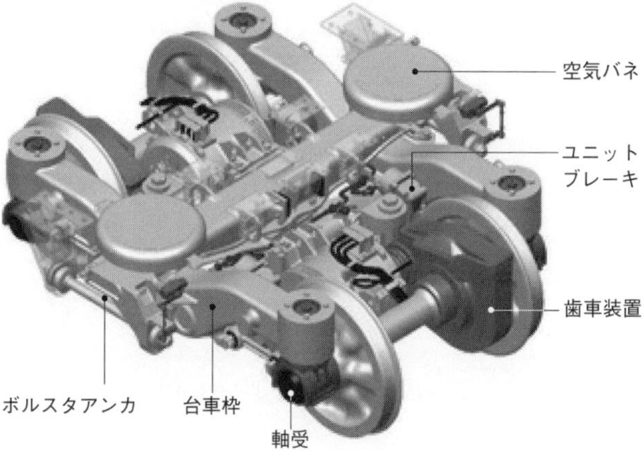

T 台車

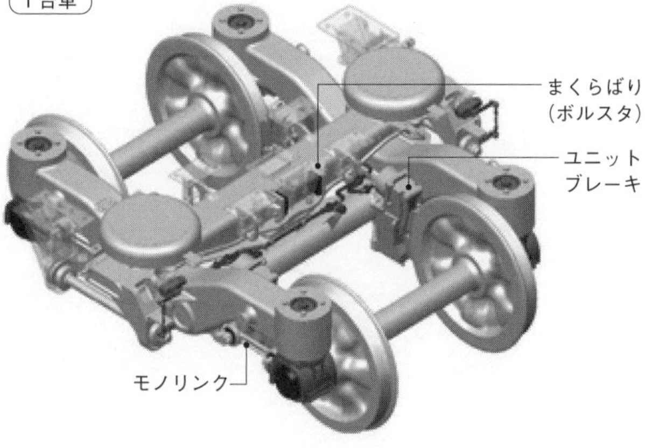

CG 提供 / 住友金属工業(株)

第1章

頑丈な台車の構造

写真提供／東日本旅客鉄道（株）

1-1 定期検査での台車の分解

◆鉄道車両の車両構成

自動車は車輪と車体がサスペンションを介して直接組み合わされている。そしてカーブする時は、ハンドル操作によって左右の前輪だけが曲がる方向に向きを変え、後輪は車体に平行のままである（図1－1a）。

これに対して多くの鉄道車両は、一つの長い車体に2つの台車を組み合わせて構成している。このような構成の車両をボギー車両とよぶ。

また、鉄道車両は車輪と車体の間に台車が存在する。それぞれの台車は、左右車輪が車軸でつながれた輪軸2本で支えられる。カーブを通過する時は、車体の前後にある台車の向きは、それぞれ線路のカーブに沿う方向になっている（同図b）。

すなわち車体と台車とは、水平面内で旋回できるようになっていて、その旋回角度は、車両の長さが長いほど、曲線半径が小さいほど大きくなる。

◆台車の役割

台車の主な役割は、①車体を支える、②振動を減らして乗り心地をよくする、③モータの回転力を車輪に伝える、④ブレーキの力で電車を止める、⑤レールに沿ってスムーズに曲がる、⑥電車で使った電気を変電所に返す、⑦電車の現在位置を信号設備に伝える、などである。

満員電車になると、台車は1台あたり20t以上（台車自重を含む）を支えている。さらに、必ずしも真っ直ぐではなく狂い

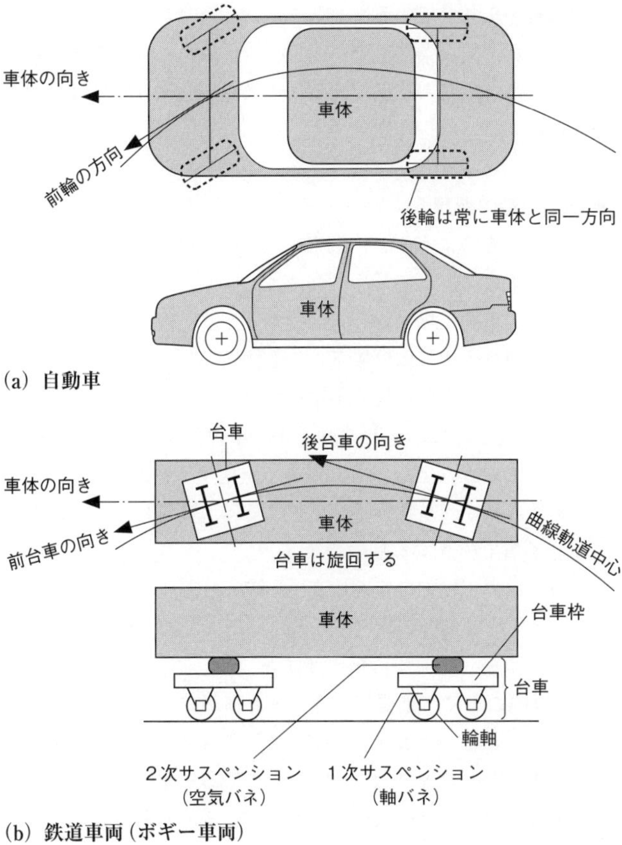

図1-1　車両の構造とカーブでの車輪の向き

のあるレール上を走ることで生じる振動が車体に伝わるのを極力減らす。線路の導く方向にスムーズに曲がりながら、運転士の操縦に従って加・減速を繰り返す。そして駅の決まった位置に列車を停止させている。

こうした過酷な条件下で年間20万km以上も走ることもある台車が、常に最良の状態であるように、定期検査時には分解整備される。

◆車両検査の種類

電車の検査のようすを、東京メトロの10000系について見ていこう。東京メトロで行う検査には、検車区で行う比較的軽微な検査と、車両工場で行う定期検査（分解整備）がある。

検車区で行う検査には以下の3種類がある。

①毎日の営業運転前に行う出庫点検

②10日程度ごとに、正しく動くか、摩耗部品が交換時期になっていないかなどを、主に目視で点検する列車検査

③3ヵ月ごとに、主要装置が正確に動作・機能しているかを、試験装置で検査する月検査

一方、車両工場での定期検査は2種類ある。

①4年（または走行距離60万km）以内ごとに、主要部分を分解して点検・整備する重要部検査

②8年以内ごとに、重要部検査よりも細部にわたって点検・整備する、最高レベルの検査である全般検査

車両工場での検査では、検査対象の機器をすべて分解し、部品の一つ一つを確実に点検・整備しているのである。

さらに、一般に車両の寿命は40～50年あるので、20年ほど経過したら、電気機器の更新や配線の取り替えなどの大規模な改修工事が行われる場合が多い。

◆車体と台車の分離

定期検査の前には、まず床下にある機器・装置の汚れを洗い

写真1-1　台車抜き作業

写真提供／東京地下鉄㈱

流す。以前は高圧空気で吹き飛ばす気吹き作業を人手で行っていて3K（きつい・汚い・危険）作業の代表例だったが、最近では自動洗浄機を使ってかなり改善されている。ただし、現在でも完全な自動化はできていない。

次に編成列車を1両ずつに分割する。車両は、密着連結器や半永久連結器（棒連結器）で結合されている。また車両間には貫通路用の幌、電力・制御信号・通信情報用のケーブルや、空気配管を接続するエアホースがある。これらをすべて分離すると1両の身軽な姿で工場の中を移動させることができる。

車両が1両ごとに分割されると、次は車両基地見学会の花形、台車抜き（車体上げ）作業である。2台の天井クレーンの門形吊りフックで、長さ20m、重さ15tもある車体を吊り上げて台車と分離する姿は、まさに圧巻だ（写真1-1）。なお、台車を構成するまくらばり装置は、台車枠より下の部分とは検査周期が異なっているので、車体とともに吊り上げられる。

当然、この台車抜きの作業を行う前には、車体と台車枠以下の部品とを接続している箇所（モータの三相電源線、空気ホースなど）を分離する必要がある。

なお、以下の解説も含め、出てくる部品それぞれについての詳しい説明は後述する。

◆台車の分解

図1－2で、東京メトロ10000系の台車の主要な構成品を示す。台車枠以下は次の順で取り外されていく。

台車枠に組み付けてあるモータを取り外すために、たわみ軸継手をその中央部分で分離する。このあとモータを固定してい

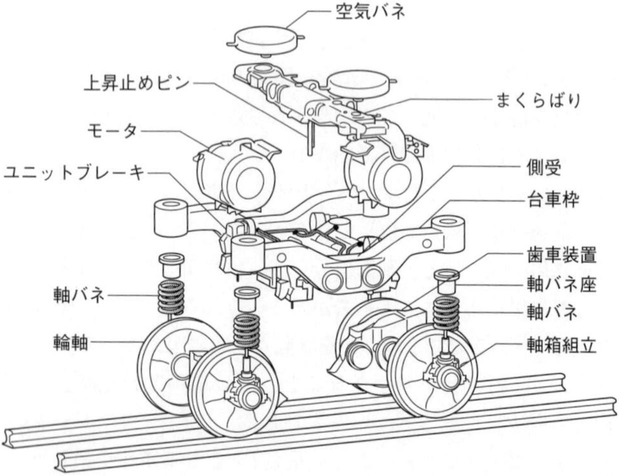

図1-2　東京メトロ10000系台車の主な構成要素

写真1-2
台車と輪軸の分離作業

写真提供／東京地下鉄㈱

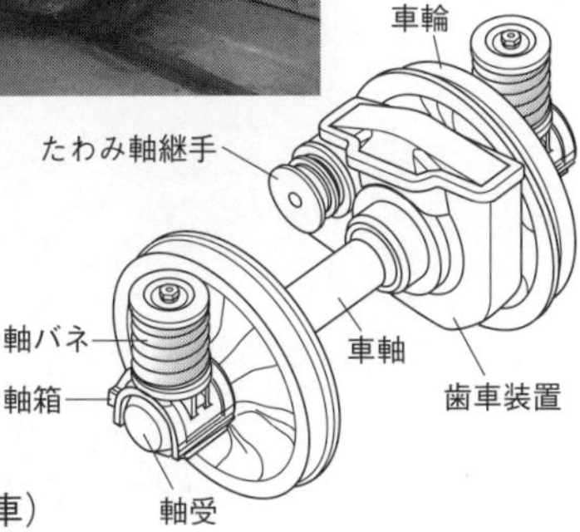

図1-3　輪軸の構成（M台車）

る4本のボルトを外してから、モータは吊り上げられる。

3番目の作業は輪軸と台車枠の分離である。そのため、先に軸箱組立と台車枠をつないでいるモノリンク（66ページ図2-8c参照）や、軸バネ上部の取付ボルトを外し、軸バネ座との結合を外す。さらに歯車装置を支えている大形のボルトも取り外す。これで台車枠は吊り上げて輪軸と分離することができる（写真1-2／図1-3）。

4番目の作業は、4組のユニットブレーキ（基礎ブレーキ装

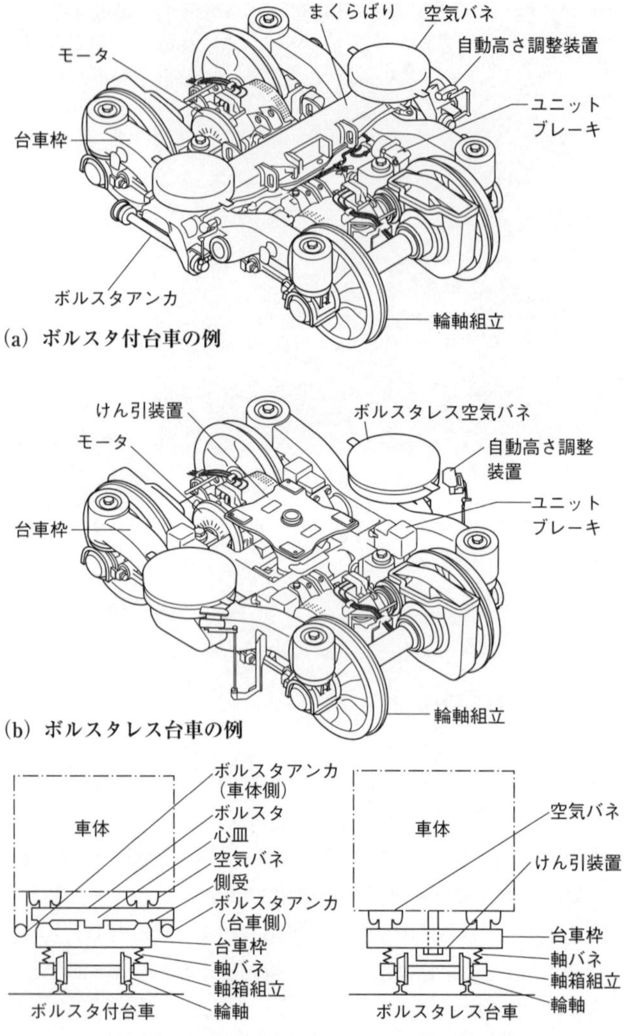

図1-4　ボルスタ付台車とボルスタレス台車

置）の取り外しである。それぞれを取り付けているボルトを外して分離する。

そして5番目に輪軸から軸箱組立と軸受の取り外し、さらに歯車装置から軸継手、小歯車などを外す。これ以降にも小さな部品レベルまで分解する作業があるが、ここでは省略する。

1-2　ボルスタ付台車とボルスタレス台車

◆ボルスタ付台車

台車構造には、ボルスタ付台車とボルスタレス台車がある(図1－4)。

戦後のボギー車両で2次サスペンション（まくらバネ）として用いられた板バネは、上下方向の揺れは吸収しやすいが、左右方向には剛で、揺れを吸収する効果はない。そこで下揺れまくらを台車から吊るし、その振り子効果を左右バネとして利用した（図1－5）。

その後、まくらバネはコイルバネ、空気バネと進化していっ

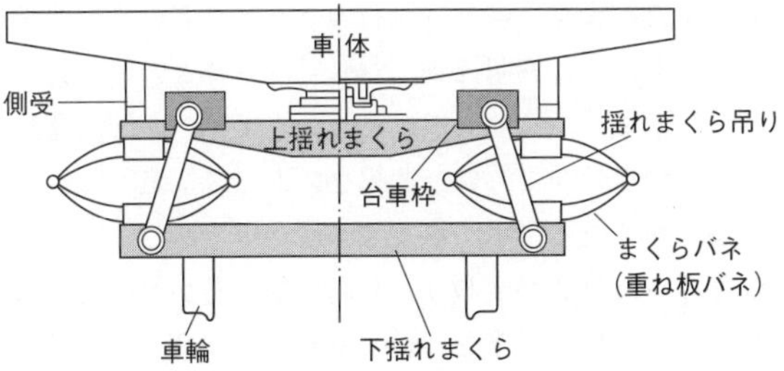

図1-5　重ね板バネを使った揺れまくら

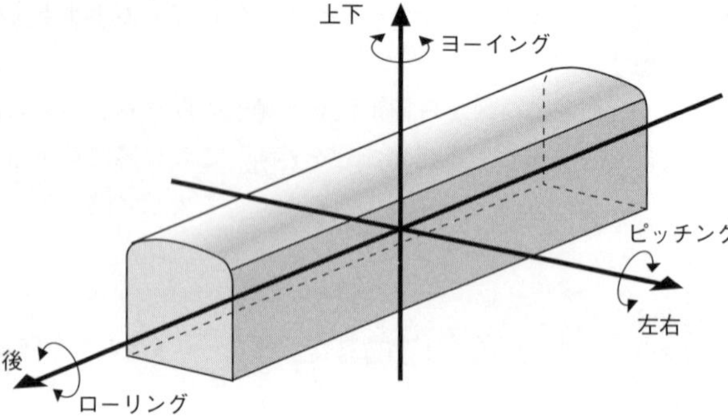

図1-6　車両の3軸方向と各軸回りの運動

た。空気バネは左右方向のバネとしても利用できるので、揺れまくらは必要なくなった。

しかし当時の空気バネは、カーブで生じる大きな前後変位（44ページ図1－7参照）には追従できなかった。そのためにまくらばりを設け、車体、まくらばり、台車の相互の運動を以下のようになるようにした。

車体とまくらばりの間には空気バネがあり、上下、左右、ローリング運動（図1－6）はこの間で行われる。

一方、車体とまくらばりは左右のボルスタアンカで前後に接続されているので、旋回運動に対しては車体と一体で動く。したがって、空気バネは前後に変形しなくてよい。旋回運動はまくらばりと台車の間で行い、曲線をスムーズに走行できる。

このような構成の台車がボルスタ付台車である。

揺れまくらは目的が変わり、左右に揺れる必要はないので、名前も単にまくらばりとなった。まくらばりは、現在ではそのもとの英語ボルスタ（bolster）とよばれることが多い。ボルスタとは長枕のことである。

◆ボルスタレス台車

このまくらばり（以下ボルスタと表記）をなくしたボルスタレス台車にすれば、部品が少なく、台車枠の構造も簡単になるなどで、大幅な軽量化と保守の容易化が実現する。

しかしボルスタレス台車では、車体と台車を直接つなぐ空気バネは、すべての方向の動きをしなければならず、カーブでは台車の旋回角に応じて水平（前後）方向の大きい移動量が要求される。

そのため、水平方向への大きな変位に対応できる空気バネの

写真1-3　日本初のボルスタレス台車（東京メトロ8000系）

写真提供／東京地下鉄㈱

開発が急がれた。そして1980年に営団地下鉄（現・東京メトロ）半蔵門線用車両（前ページ写真1－3）で、日本で初めてボルスタレス台車が採用された。

ボルスタレス台車は、今では特急車両、新幹線車両にとどまらず、一部の高速貨車でも採用されている。

◆ボルスタ付台車の重量支持

32ページで台車の7つの役割を挙げたが、そのうちの①車体を支える役割を、ボルスタ付台車で見てみよう。車体重量がレールに伝わるまでの経路を追ってみる。

東京メトロ10000系車両は、編成の中でもっとも軽い車両でも、台車をのぞいて約15tある。これに最大乗車時（約250％乗車）の旅客質量（1両あたり約20t）を加えると、車体総質量35tになる。この全質量が、各台車に2つずつ付いている空気バネを経由して、それぞれのボルスタに伝えられる。

ボルスタは、下面中央部分に設けた円形の突起（まくらばり心皿＝上心皿＝中心ピン）を台車枠の凹形状の皿（台車心皿＝下心皿）にはめ込んである。心皿は、前述の車体に対して台車が旋回するときの中心でもある。車体荷重の大部分は心皿から台車枠に伝えているが、一部の荷重は、側受《がわうけ》を経由するように工夫してある。

こうして台車枠に伝わった車体の荷重は、輪軸の両端に配置されている4ヵ所の軸バネから軸箱を経て、それぞれの車輪へと配分される。軸バネは、軸箱に作用する大きくて周波数が高い振動の衝撃を減衰させながら、確実に車体荷重を車輪に伝えている。

なお車体荷重が伝わる経路では、進むにつれて台車部材の重さが加算されていき、最終的にレールにかかる荷重は、1両で

45tを超える。

◆ボルスタ付台車の側受の役割

ここで、車体荷重の一部を負担している左右の側受の働きを見てみよう。

電車がカーブを通過するとき、33ページ図1-1bに示したように、車体と台車とは水平面内で旋回する。

直線路を走る時、台車は後述するように蛇行する特性をもっている（71ページ参照）。ただし最大運行速度が90km/h程度までの車両では、一般に蛇行動による安定性低下という問題は生じにくい。そのため車体は心皿のみで支持し、旋回時の抵抗は高くせず、良好な曲線通過性能をもつようにしている。

これに対して100km/h以上で運行する車両では、心皿のみの旋回抵抗だけでは走行安定性が不足する。そのため旋回中心から離れている側受で、一部の荷重を負担させている。側受部分に生じる摩擦抵抗力が旋回運動に対し適度な抵抗を与えて、蛇行動の発生を抑えているのだ。

しかし、この抵抗が大きすぎると曲線を通過する時に、車輪フランジ部とレールとがこすれ、両者の摩耗が大きくなる弊害がでる。

東京メトロ10000系では、心皿と左右の側受とが、おおよそ8対2で車体重量を分担するように設計されている。

◆ボルスタレス台車の旋回抵抗

ボルスタレス台車では、車体荷重は、直接、2つの空気バネを経て台車枠へと伝わる。台車枠以降の経路は、ボルスタ付台車と変わりない。

一方、ボルスタレス台車の旋回抵抗は、台車の両側に配置し

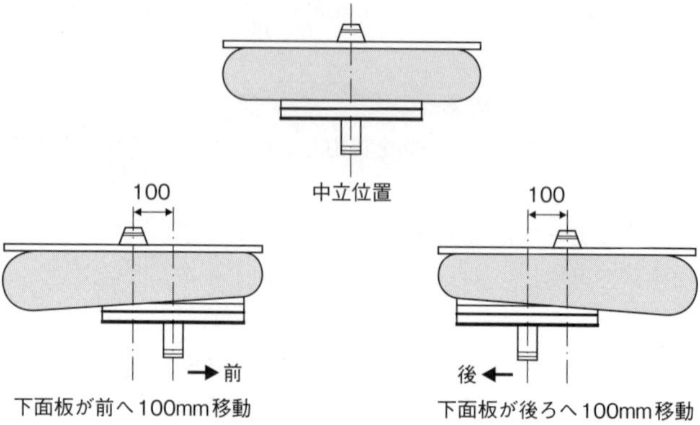

図1-7　空気バネの前後変位

た空気バネが担当している。その空気バネが旋回抵抗を発揮できるように、けん引《いん》装置（57ページ参照）が旋回中心となるようにしている。

ボルスタレス台車の空気バネは、車体を支えるだけではない。台車がカーブで旋回する時、通常100mmぐらいまで前後方向に変位できる。空気バネのゴム膜を固定している上下の面板が前後左右にずれ、ずれの大きさに応じて中立位置に戻る力（復元力）が発生する（図1－7）。その復元力が、側受における摩擦抵抗の役割に相当するのだ。

急曲線を通過する際は、空気バネのずれが大きくなって復元力が大きくなる傾向にある。そこで面板の形状を工夫することで、復元力が過大にならないようにしてある。

なお、新幹線や特急などの高速列車の車両では、ヨーダンパと称する緩衝装置が車体と台車の間に左右各1本、前後方向に取り付けられていて、これによって台車の旋回振動（ヨーイング：40ページ図1－6参照）を抑え、蛇行動を止めている。

通勤車両でも100km/hを超す区間を長く走る車両には、状況に応じてこのヨーダンパが取り付けられている。

1-3 空気バネの構造と働き

◆ まくらバネ

乗り心地に優れた台車の実現には、空気バネが開発成功のポイントになった。

現在の空気バネに相当するまくらバネには、コイルバネとダンパを組み合わせた構成が使われてきた。

しかし、乗り心地をよくするためにバネをやわらかくしようとしても、閑散時からラッシュ時まで車体質量の変化に対応するバネのたわみには、車体が車両限界（78ページ参照）を出ないようにするための制限がある。

このため、金属バネをたわみやすくして乗り心地をよくする方法には限界があった。

そこで1955年頃から、荷重が変化しても一定のバネの高さを維持でき、しかもやわらかいバネ特性をもった空気バネが採用されるようになったのである。

◆ 空気バネの構造

ここではボルスタレス台車用の空気バネを中心に説明する。空気バネは、空気を入れたゴム膜の上下を面板で挟んである。ちょうどゴム風船を平らに押しつぶしたような構造である（次ページ図1－8）。

この風船は空気を閉じ込めたままにしているわけではない。

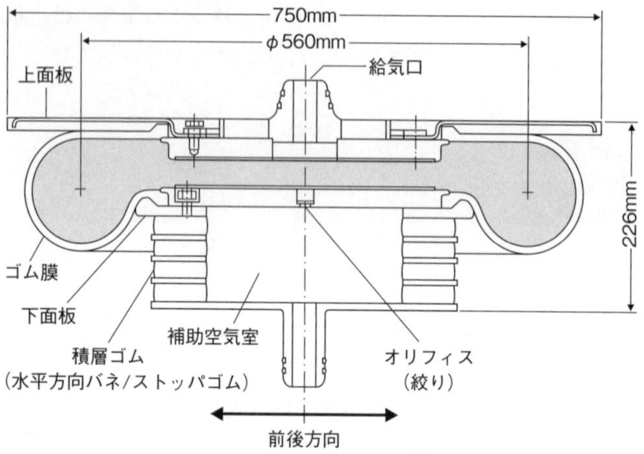

図1-8　空気バネの構造

混雑具合により車体質量が変わって、空気バネの高さが変化した時には、後述のように、中の空気を出し入れすることによって高さを一定の範囲に保っている。

また下面板の下に補助空気室、台車枠部分に補助空気タンクがあって、空気バネとの間には直径十数mmのオリフィス（空気流路の絞り）が設けられている。走行中の振動で空気バネと補助空気室の間を空気が行き来する時、このオリフィスが抵抗となって振動を抑えるダンパの役割を果たしている。

さらに下面板の下には、水平方向のバネと上下方向のストッパの役割をする、ドーナツ状の積層ゴムが設けてある。空気バネが大きく水平変位する時には、ストッパゴムも水平にずれてゴム膜の変位が大きくなり過ぎないようにしてある。

この積層ゴムは、万一、空気バネの空気がパンクなどで完全に抜けてしまった時にも、バネ作用をして車体の荷重を受け止め、車両が走行できるように設計されている。

空気バネは、このように風船の中の空気の容積と補助空気室の容積とを適切に組み合わせることで、やわらかいバネとオリフィスによる減衰性能を実現し、一般的に人間が不快に感じる1Hz付近の振動をさえぎっている。

さらに、ゴム膜と面板の形を工夫することで、車体振動による空気バネ高さの変化に応じて荷重を受ける面積（有効受圧面積）を変化させ、バネ定数を十分にやわらかくして、乗り心地の向上を図る方法も採用されている。

◆ 自動高さ調整装置

空気バネの長所を活かすために不可欠なのが、自動的に空気バネ高さを調整する自動高さ調整弁（LV：Leveling Valve）である。乗客の増減によって車体質量が変化し、空気バネの高さが一時的に変化しても、自動的に給・排気して短時間で標準高さの範囲に戻し、車体高さをほぼ一定に保つ仕組みである（次ページ図1－9）。

車体が標準高さにある時は、調整弁は中立位置にあり、空気バネが密閉された状態である。

乗客が増えて空気バネの高さが低くなると、付属するアームによって弁が回る。するとLVの通路が車体の高圧の空気管につながり、空気が空気バネに流入する。

こうして空気バネが標準高さの範囲に戻ると、調整弁も中立位置になって空気管が閉まる。

逆に乗客が減って空気バネが高くなると、LVの通路が大気に開放され、バネの中の空気を少しずつ排気する。標準高さに戻ると、弁が中立位置に戻って空気管が閉まる。

駅で乗客が一斉に降りた時に、足元からプシューと空気が抜

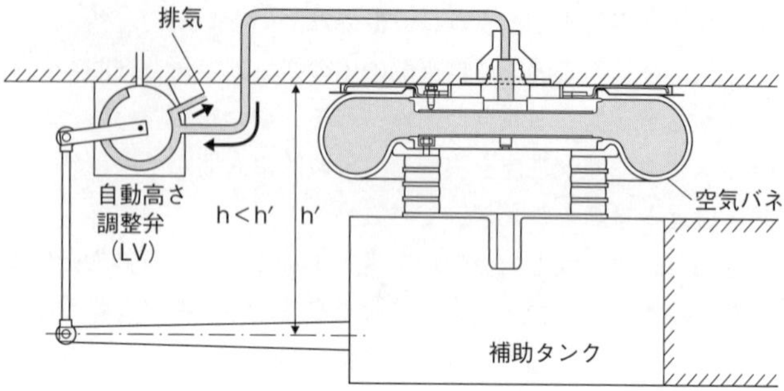

(a) 車体が高くなった時（乗客少）

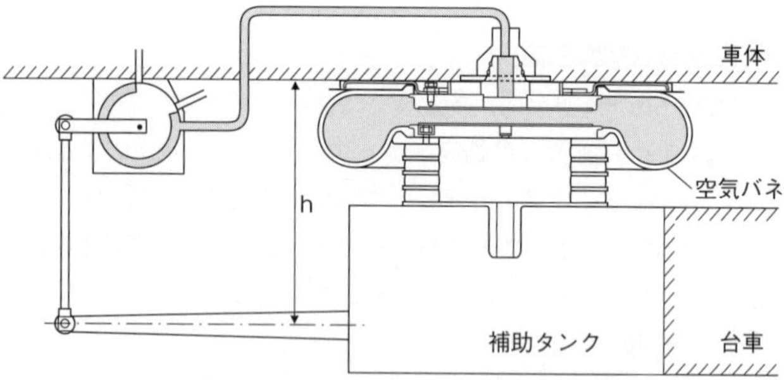

(b) 標準車体高さ時

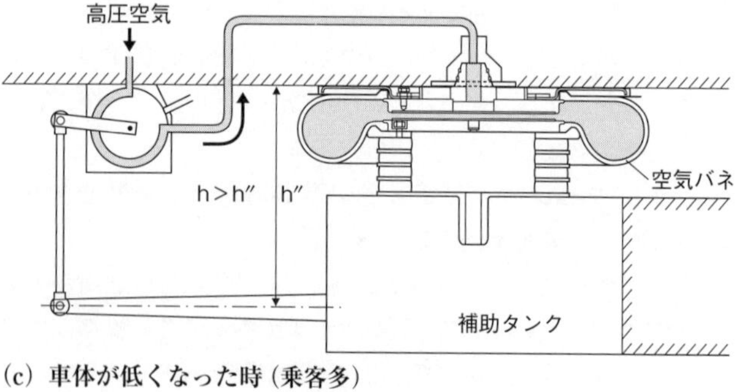

(c) 車体が低くなった時（乗客多）

図1-9　自動高さ調整装置の仕組み

ける音が聞こえることがある。この音こそ、高さ調整装置が作動し、空気バネの高圧空気を排気している動作音なのだ。

◆左右のバランスをとる差圧弁

たとえば片側の空気バネの空気が完全に抜けてしまい、左右の空気バネの圧力差が大きくなると車体をねじる荷重が大きくなり過ぎる。そこで、左右の空気バネの圧力差が設定値を超えると、内圧の高いほうから低いほうへ空気が流れるようにする差圧弁を設けて、車体に大きなねじれを与えないようにしている（図1－10）。

しかし差圧弁が作動する圧力差の設定値を小さくし過ぎると、カント負けが発生する。

カントとは、カーブで内側のレールよりも外側のレールを高くしておくことをいう。カントの大きなカーブ上に満員の車両が停止すると、荷重が大きくなるカーブ内側の空気バネは圧力

空気バネの内圧（kPa）		左右の差圧（kPa）	空気の流れ
左側	右側		
26	17	9	締切状態（設定圧力未満）
35	17	18	左→右へ空気が流入する
0	17	17	左←右へ空気が流入する

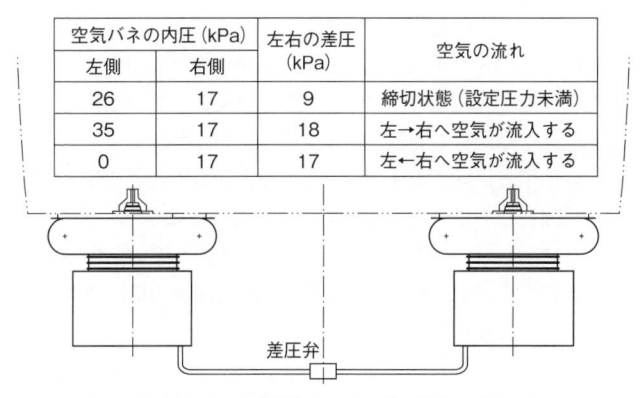

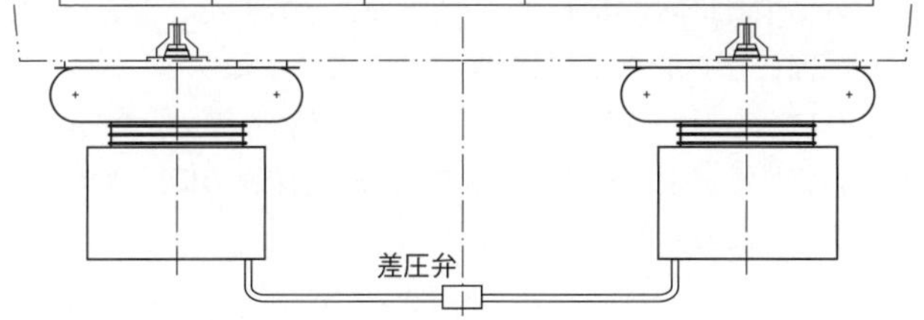

作動条件例　①空気バネ受圧面積：2290cm²　②差圧設定圧力：12kPa

図1-10　空気バネ差圧弁の作動例

が高く、外側では反対に空気圧が低くなる。

差圧弁の作動の設定圧力が、もしもこの状態の左右の空気バネの差圧より小さいと、内側の空気バネの空気は差圧弁を抜けて外側の空気バネに流入する。すると空気バネの気圧は内側では下がり、外側では高くなる。

この関係が続くと、やがて内側の空気バネは高さが低くなって、ついには内部のストッパゴムに接触してしまう。このような状態をカント負けというのである。

カント負けが起きると、自動高さ調整弁（LV）がうまく働けず、電車の運行に支障が出てしまう。

◆空気バネでバリアフリーを実現

従来の車両では、満員の乗客の重みで軸バネやまくらバネがたわんだ状態でも、車体の床面がホームよりも低くならないように作られていた。

そのため乗客が少ないと、バネがのびて床面はホームよりも50～70mm高いのが普通だった。

しかしこの段差が大き過ぎると、車椅子などの乗降に支障をきたす。そこで交通バリアフリー法が議論されている時、どこまで段差を縮めても問題ないか調査された。

その結果、車両の床面がホーム上面よりも下がる寸法（逆段差）範囲として20mmまで認められるようになった。

これにともない各鉄道会社では、たわみが小さいという空気バネの特性を最大限利用して、従来よりも床面の低い車両が造られるようになった。

第2章

走りを支える台車のメカニズム

写真提供／西武鉄道（株）

2-1 走る力を伝える仕組み

◆動力伝達の方式

モータのトルクを車輪に伝える動力伝達装置には、大きく3種類がある（図2-1）。

直角カルダン式（同図a）は、モータまたはディーゼルエンジンを車体に取り付け、自在継手（ユニバーサルジョイント）と伸縮継手とを組み合わせた、たわみ軸継手によって、輪軸に組み込んだ直角駆動歯車装置にトルクを伝達する。もう一方の車軸にもトルクを伝達する二軸ドライブ方式もある。ディーゼル動車で多用されている。

つり掛モータ式（同図b）は、モータの外枠を歯車装置と一体に組み込み、ベアリングを介して輪軸に載せ、外枠の他端を台車枠の横ばり部分の緩衝ゴムで支える構造である。電気機関車など大型のモータでは現在も用いている。

この方式では、モータの重量の半分程度は輪軸にかかる。その結果、軸バネの下の質量であるバネ下質量が大きく、レールに与える振動的力が大きいという欠点があるが、たわみ軸継手はいらない。モータの軸端に組み込んだ小歯車と、車軸と一体で回転する大歯車を直接かみ合わせてトルクを伝えている。

平行カルダン式（同図c）は、近年では電車の標準的な方式である。

モータは台車枠の枕木方向の横ばりに組み付けられている。モータのトルクは、たわみ軸継手に伝わり、歯車装置内の小歯車を回転させる。その小歯車にかみ合う大歯車が車軸を回転させ、軸と一体になった車輪が回ることになる。

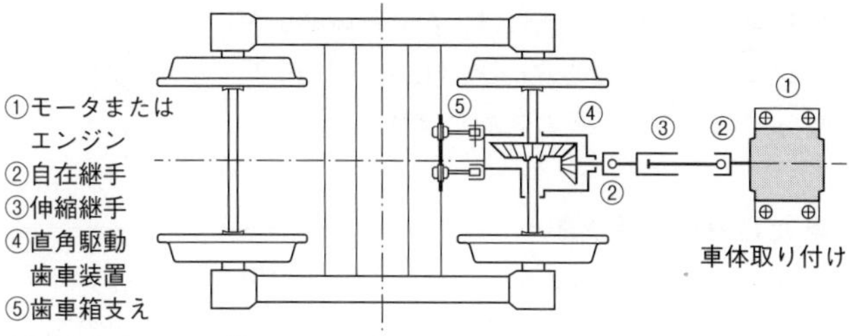

(a) 直角カルダン式

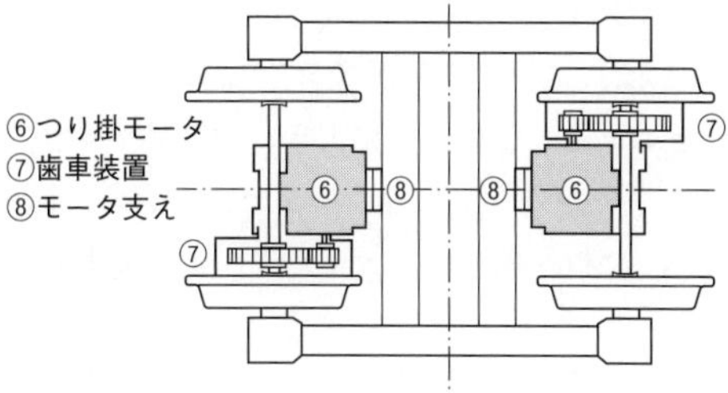

(b) つり掛モータ式

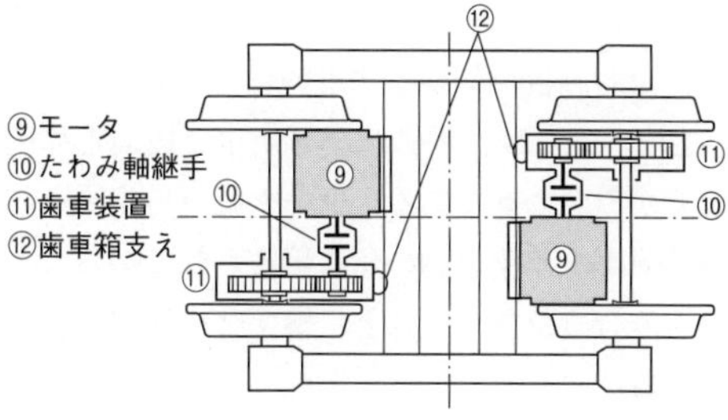

(c) 平行カルダン式

図2-1　動力伝達方式

ちなみにカルダン式とは、たわみ軸継手が、イタリアの数学者ジェロラモ・カルダーノ（1501～1576年）の考案がもとになっているので、その名でよばれている。

◆たわみ軸継手の働き

カルダン式で重要なのがたわみ軸継手の働きである。

台車枠は軸バネで支持されている（36ページ図1－2参照）。そのため乗車率によって車体の重さが変わると、軸バネのたわみによって台車枠の高さが変わり、モータの回転軸と歯車装置の小歯車軸の高さにずれを生じることになる。

このずれの大きさは、走行中の振動条件も加わって、最大10mmに達することもある。そのように大きく回転軸がずれていても、たわみ軸継手でトルクを伝達することができる。図2－1に示したように、たわみ軸継手は伝達方式によって形式が異なる。

直角カルダン式では、両端に自在継手（ユニバーサルジョイント）、中間に伸縮継手を組み合わせた長いプロペラシャフトで接続している。

平行カルダン式では、小スペースで構成する必要があり、歯車形軸継手または、たわみ板形軸継手が用いられている。

歯車形軸継手（図2－2a）は、円弧状の外歯車と円筒形の内歯車とを歯面部分でかみ合わせてある。モータ軸→外歯車→内歯車（継手体）→外歯車→小歯車軸の順に接続されている。外歯車と内歯車とのかみ合う位置のずれと、継手体の傾斜で、回転軸のずれを吸収する。

一方、たわみ板形軸継手（同図b）は、モータ軸→たわみ板→継手体→たわみ板→小歯車軸と接続されている。

この方式は、直角に交差させた、たわみ板のねじれと継手体

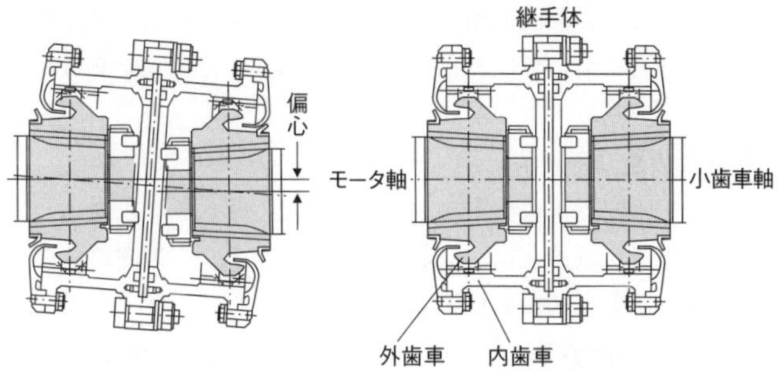

上下偏心位置　　　標準位置

(a) 歯車形軸継手

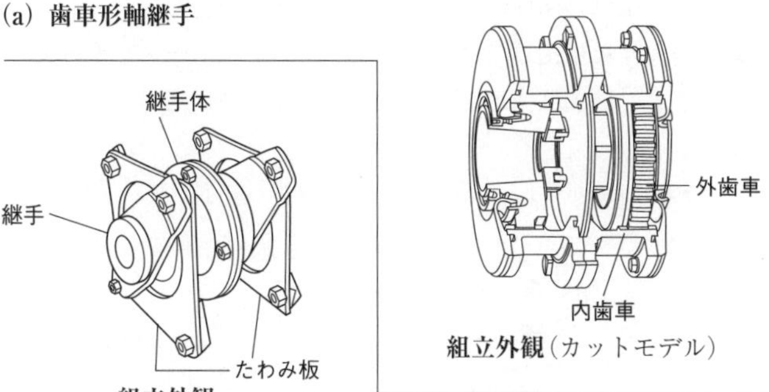

組立外観　　　組立外観（カットモデル）

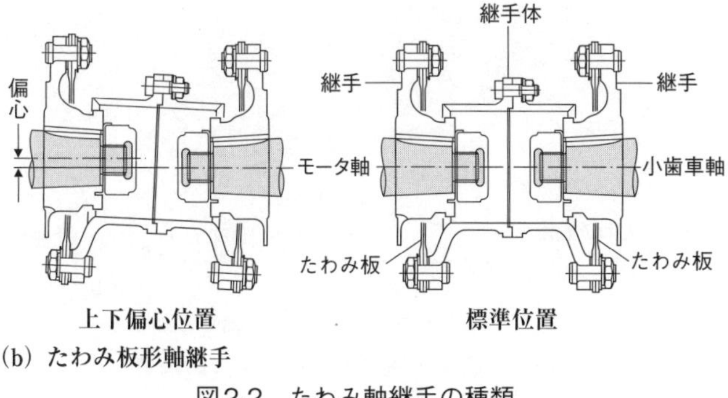

上下偏心位置　　　標準位置

(b) たわみ板形軸継手

図2-2　たわみ軸継手の種類

の傾斜によって、回転軸のずれを吸収し、必要なトルクはたわみ板の部材に沿って伝わる力によって伝達する方式である。

◆ 歯車装置（ギアケース）

モータの回転が大歯車に伝わると、その回転数は大歯車と小歯車のギア比（減速比）に応じて小さくなるが、大歯車すなわち車軸に伝わる回転トルクは逆に大きくなる。

小田急4000形ではギア比5.65（大歯車96歯、小歯車17歯）に設定されており、トルクは5.65倍になる。

大小の歯車の歯面がぶつかる時に起きる騒音の対策として、騒音の大きな平歯車ではなく、歯が斜めでスムーズなかみ合いができる、はすば歯車が用いられている（図2－3）。

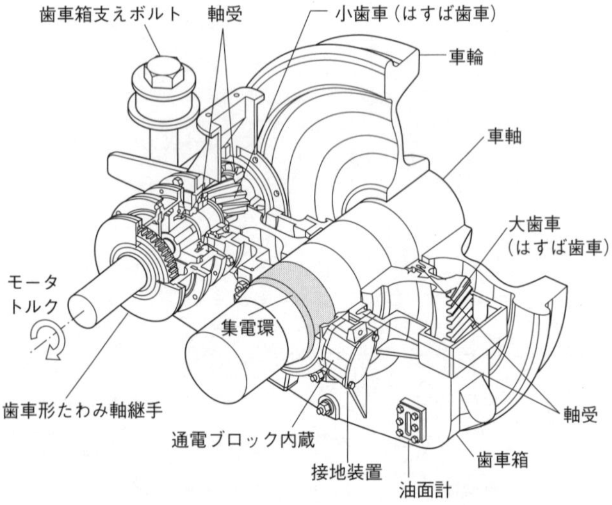

図2-3　歯車装置（ギアケース）の構造

歯車箱を車軸で支持するため、大形の円錐ころ軸受（64ページ図2－7bに類似）を、また歯車箱で小歯車を支持する部分にも小形の円錐ころ軸受を用いている。これらの軸受と歯車のかみ合い面の潤滑用に、歯車箱の中にギアオイルが入っている。

大歯車が回転する時に、ギアオイルに浸っている歯先でオイルをすくい上げる。給油が必要な箇所へオイルを導く油案内が設けてあり、オイルはそれぞれの箇所で発生する熱を取り除く役割も担っている。

◆駆動力が車体に伝わるルート

モータのトルクが動力伝達装置で車輪に伝わり、車輪とレールの粘着力で前後方向の力が生み出される。この力が車体に伝わり、列車を走らせたり止めたりしている。そこで今度は、車輪から車体への力のルートを見よう。

車輪および車輪と一体の車軸に働く前後方向の力は、通常、車軸両端の軸箱から軸箱支持装置を経由して台車枠に伝わる。

台車枠に伝わった2軸分の前後力は、ボルスタ付の台車では、台車心皿→まくらばり心皿→まくらばり→ボルスタアンカ→車体のアンカ受の順に伝わる。

ボルスタレス台車では、台車枠までは同じ経路で、台車枠からは、けん引《いん》装置→車体側けん引ブラケットの順である。

けん引装置の例として、最近の台車で用いられている一本リンク式とZリンク式を次ページ図2－4に示す。両者は、横ばり下に配置するリンクの数が違うだけで、その機能はまったく同じである。

このリンクは、車体側の中心ピンと台車横ばり部のブラケットの前後方向を正しく保ち、旋回運動の回転中心とするととも

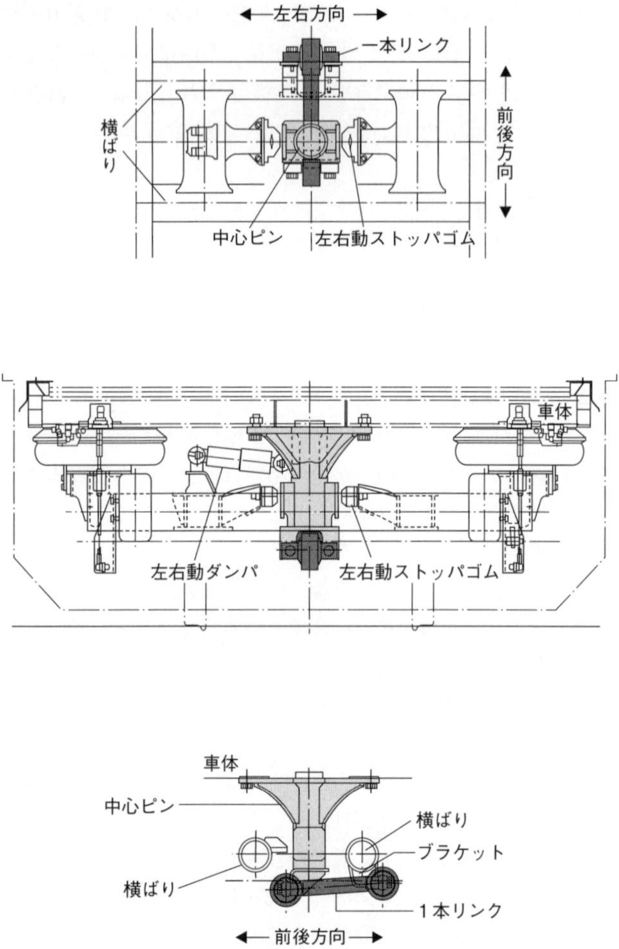

(a) 一本リンク式

図2-4　けん引装置の構造

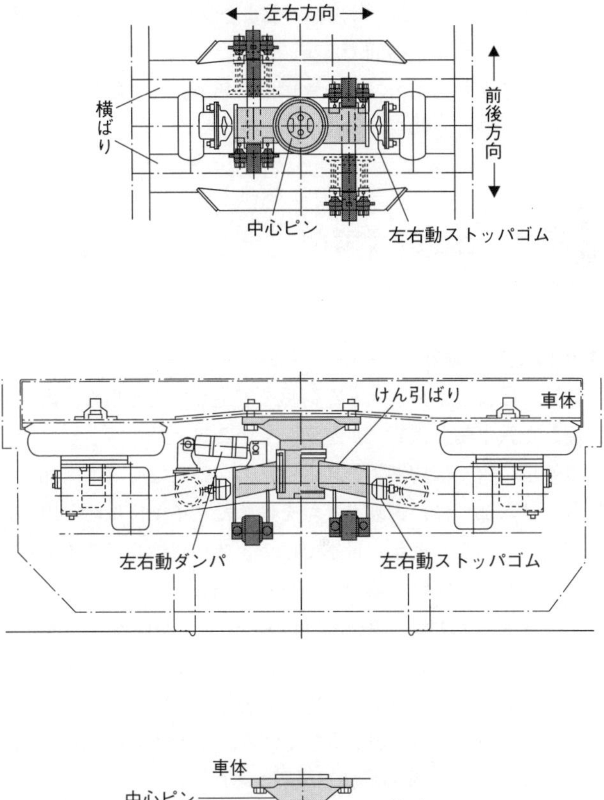
左右方向
前後方向
横ばり
中心ピン
左右動ストッパゴム
けん引ばり
車体
左右動ダンパ
左右動ストッパゴム

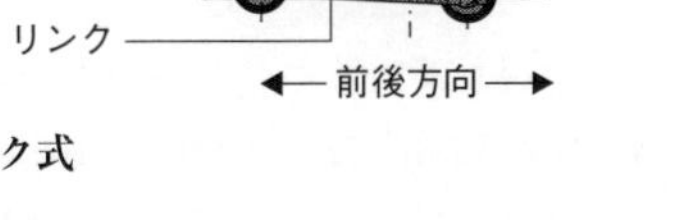
車体
中心ピン
横ばり
横ばり
ブラケット
リンク
前後方向

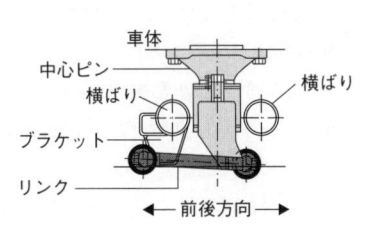

(b) Zリンク式

に、両ブラケットの間でけん引力およびブレーキ力を伝達する。

また車体と台車との間で上下、左右、旋回、ローリングの相対的な動きがあっても、リンク両端に組み込んだ緩衝ゴムがねじれることで、台車や車体に無理を生じないようになっている。

2-2 車輪と輪軸

◆車輪構造の種類

鉄道では古くから、大きな荷重を安定して支えられ、耐久性に優れた鉄車輪と鉄レールを使っている。

車輪は、古くは鋳鋼製のスポークのついた輪心（ボス部）の外側（リム部）に、鋼製タイヤをはめたタイヤ付車輪が用いられてきた。しかし近年、日本ではディスク状輪心とタイヤとを一体化した一体圧延車輪が用いられている。

一体圧延車輪は、①輪心にはめたタイヤがゆるむ心配がない、②熟練作業の必要なタイヤをはめる作業が不要、③タイヤはめ合い面の電気抵抗が少ない、④軽量化が図られる、⑤車輪の寿命が長い、⑥品質が安定している、などのメリットがある。

図2－5で一体車輪の形状を説明する。

A形は、リム部に対してボス部が輪軸の中心寄りにくるようにディスク部が湾曲しており、垂直荷重と横方向荷重とが同時に作用しても、車輪の表裏に発生する応力がバランスしていて、強度面ではもっとも優れているとされる形状である。

B形は主に電動軸で使われる。モータや歯車箱などのスペースを確保するため、ボス部を外寄りにしてある。A形に比べて強度的な負担が大きくなるため、ディスク部を厚くしている。

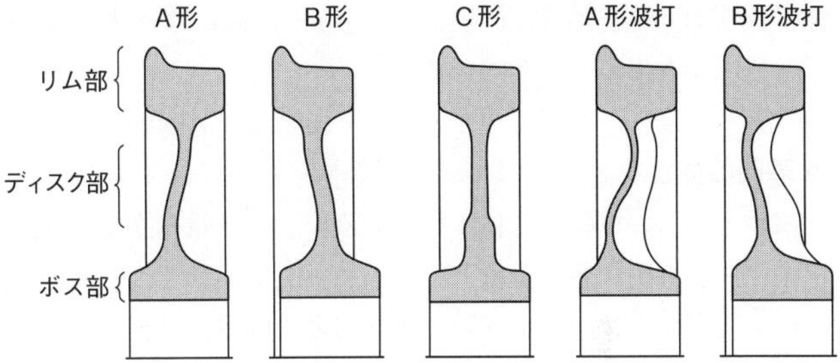

図2-5　一体車輪の断面形状

C形は踏面ブレーキを使わない方式に用いられ、両側面にブレーキディスクを取り付けられるようにしている。

さらに近年、A形とB形で、ディスク部分を波打たせて軽量化した波打車輪が広く使われるようになっている。

これらの他にも、車輪のリム内周部分にリングをはめることで、車輪とレールの共鳴を防ぎ、騒音を低減させる防音リング付き車輪が、一部の車両で使われている。

◆車輪のアンバランス

車輪は熱した鉄にローラで圧力をかけて延ばす圧延法で成形される。

その後、踏面部分は機械で精密加工されるので、精度が出る。しかしその他の部分では、質量がアンバランスになり、質量の中心がホイールの中心からずれている。その状態のまま高速走行すると、車体が振動してしまう。

そこで、ずれの上限を決めて、ずれの大きい方向のリム内周部に溝を掘って軽くし、アンバランスを修正する方法がある。さらに、アンバランスの限度内にある車輪でも、軸の左右の車輪で、ずれの方向が時計の12時と6時の位置になるようにして、悪影響を出にくくしている。

◆ 輪軸の重さ

車軸と左右の車輪は一体で回転する。一体に組み立てられた車軸と左右車輪全体を輪軸という。モータで駆動される輪軸には歯車装置が、ディスクブレーキを用いる輪軸にはディスクが取り付けられている（図2－6）。

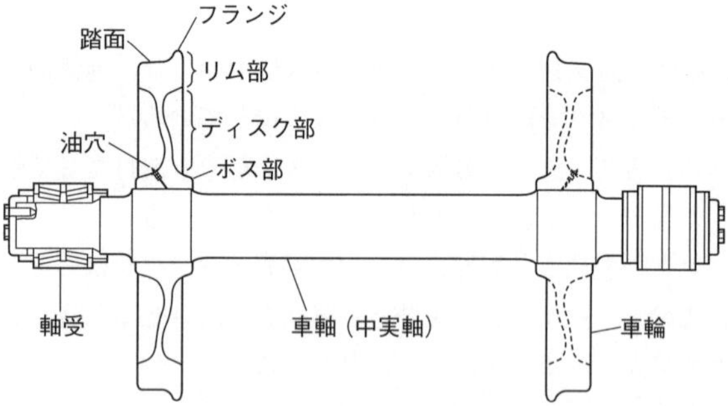

図2-6　輪軸の構成

輪軸の重さは、車輪1枚が約300kgで、2枚の車輪に車軸および歯車装置の重さを加えると1tを超える。この重さは普通乗用車に相当する。

◆ 軸に車輪をはめる・抜く方法

車輪は車軸に強固にはめこまれている。はめる（圧入）には、まず車輪に車軸を圧入する穴を、車軸の外径よりもわずかに小さくあける。そこに潤滑油を塗った後、車輪と車軸をプレ

写真2-1　車輪の圧入作業

写真提供／東京地下鉄㈱

ス機にセットし、400～500 kNの力を加えて所定の位置まで圧入する（写真2－1）。

車輪交換時には逆の作業になる。この時には車輪と車軸の間には潤滑油がなくなって密着しているから、車輪を無理やり抜き取ると車軸の表面を傷付ける。

そこで近年、あらかじめ車輪のボス部分に油穴（図2－6参照）、車輪の内面に油溝を加工しておき、抜き取り作業の前に油穴に高圧の油圧を加えて、内周面に潤滑油を行き渡らせている。油圧は水深1万～1万8000mの海底での水圧に相当する1000～1800気圧が用いられている。

これによって密着面をはがしやすくするとともに、引き抜き作業を楽に、しかも軸に傷を付けないようにしている。

◆軸受の仕組み

輪軸は軸箱を介して軸箱支持装置で台車に取り付けられている。軸箱には、車体の重さを支えながら車軸の回転を妨げないようにする軸受が組み込まれている。

軸受には複列の円筒ころタイプまたは円錐ころタイプがある(図2-7)。

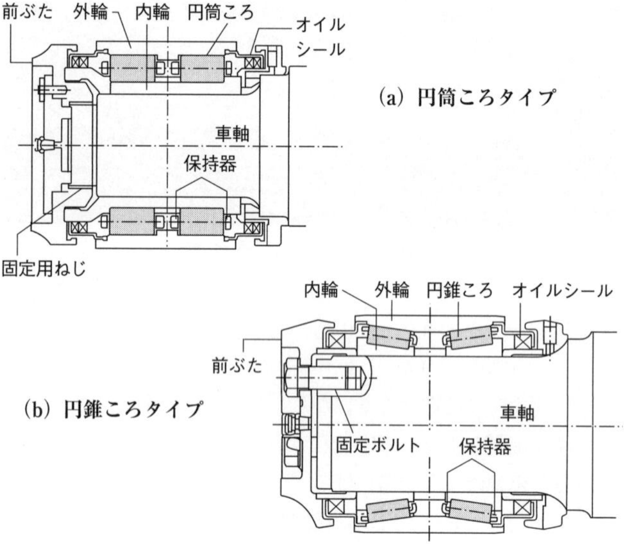

図2-7　軸受の構造

軸受は外輪と内輪、摩擦を少なくするためのころ、ころがずれないようにする保持器、軸受内に封入されたグリースの漏れを防ぐオイルシール、軸受を車軸の端部に固定するための前ぶたがある。

走っている車両の台車を見ると、軸箱部分で車輪と同じ速度で回転している前ぶたに気づくだろう。

◆ 軸受の潤滑と絶縁対策

軸受にはグリースが詰まっていて、ころおよびそれが接触して転がる外・内輪の表面（転動面）はグリースの油膜で覆われて、転動面で金属どうしが接触しないようになっている。

しかし、万一、転動面のグリース膜が破れて電流が流れると、金属どうしが接触した箇所にスパークが生じる。このスパーク跡がたくさん発生すると、ころがり抵抗が増えて発熱するとともに、長い間には摩耗粉の発生によって軸受の寿命が大幅に短くなる。

このため、軸受に電流が流れないように、バイパスさせる接地装置（56ページ図2－3／131ページ写真5－1参照）を設けている。

また近年多用されている誘導モータでは、インバータで作られる高周波電流が、絶縁されているコイルと鉄心間に漏れて軸受を経由して流れやすくなった。

そこでモータに用いる軸受では、外輪の外側を電気絶縁材のセラミックでコーティングしたり、セラミック製のころを用いたりする場合もある。

◆ 軸箱支持装置

軸箱支持装置は、軸バネや緩衝ゴムなどによって、輪軸を台車枠に適切な弾性（バネ支持）で支える。上下荷重を分担する軸バネは空気バネとともに、振動を和らげ、乗り心地を向上させている。

また軸箱支持装置は、2組の輪軸の左右方向の位置がそろい、かつ平行になるよう、台車枠に位置決めする仕組みでもある。

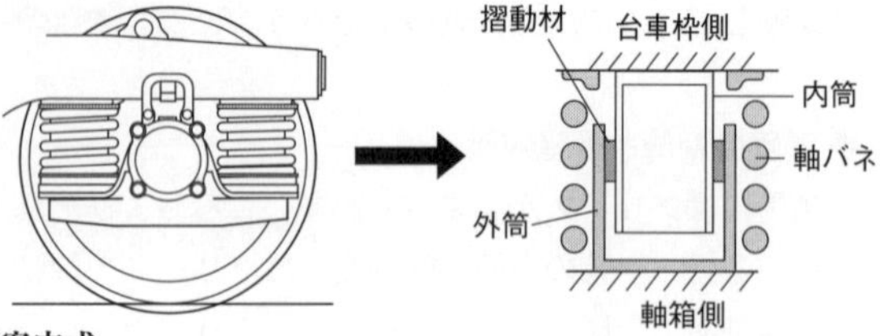

(a) 円筒案内式

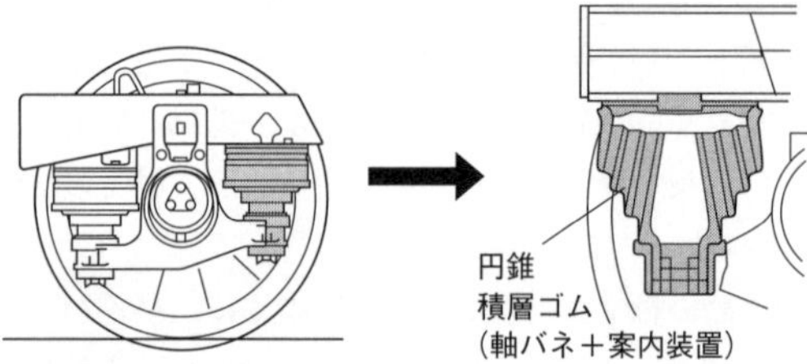

(b) 円錐積層ゴム式

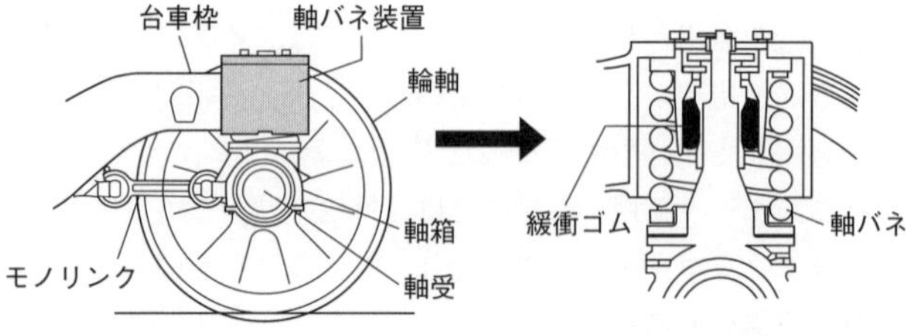

(c) モノリンク式

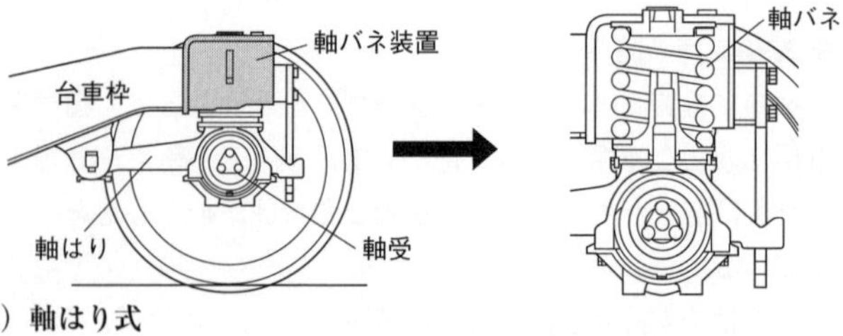

(d) 軸はり式

図2-8　軸箱支持装置の構造例

車両の走行安定性を長期間にわたって安定的に維持するためには、2組の輪軸の位置関係が、適切な範囲内に維持されることが必要である。運転速度が速い車両ほど、2組の輪軸の平行度の管理は重要な課題になる。

この軸箱支持装置については、これまでに多くの方式が開発されてきている。図2－8で、近年用いられている代表的な軸箱支持装置を4種類挙げておく。

円筒案内式（同図a）および円錐積層ゴム式（同図b）は、軸箱の前後に2組の軸バネと案内装置を対称に配置した構造である。

一方、モノリンク式（同図c）および軸はり式（同図d）では、いずれも軸バネ1組のみを軸箱の上部に配置し台車枠と軸箱をつなぐ、モノリンクまたは軸はりにより、輪軸の前後方向の位置が決まる。モノリンクまたは軸はりの端には緩衝ゴムが挿入されていて、輪軸が台車に対して適度に旋回できる構造になっている。

円錐積層ゴム式は、一時期JRで通勤車両の標準として用いられていた。またモノリンク式は東京メトロ10000系など、軸はり式は小田急4000形などで広く使われている。

2-3 踏面形状

◆踏面の役割

車輪がレールと接触する面を踏面、その形状のことを踏面形状とよぶ。

次ページ図2－9に、旧国鉄時代の1926年に定められて以

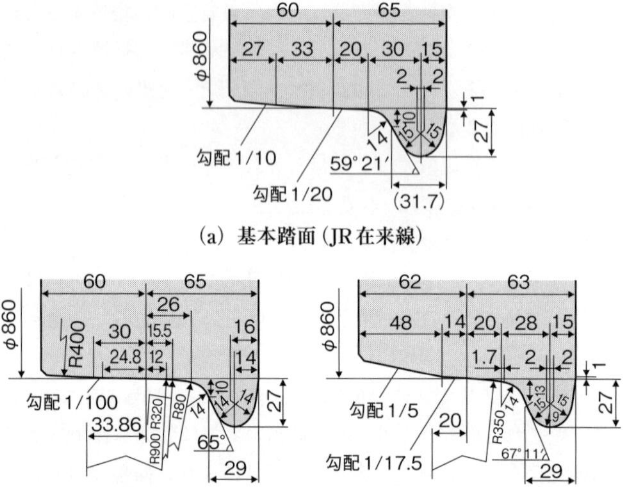

(a) 基本踏面（JR在来線）

(b) 修正円弧踏面（JR在来線）　(c) 東京メトロ銀座線・丸ノ内線円弧踏面

図2-9　踏面形状

来、長く用いられてきた基本踏面（在来線：同図a）と、その改良版の修正円弧踏面（同図b）、そして急カーブが多い東京メトロの銀座線・丸ノ内線（同図c）の踏面形状を示す。

3つの踏面形状の共通点は、傾いていて外側ほど半径が小さく、内側につば部（フランジ）があること、これが踏面形状の一般的特徴である。

この踏面形状はどのようなことを考慮して決められるのだろうか。踏面形状は、カーブでスムーズに走行すること、不安定な振動（蛇行動）が生じないこと、脱線しにくいことなどが重要になる。踏面形状は鉄道車両の運動特性の生命線と言える。

以下に、これらの特性と踏面形状の関係を見ていこう。

◆カーブでのスムーズな走行

輪軸は車輪と車軸とが一体となった構造のため、自動車がカーブする時のように、左右の車輪に回転数差をもたせて走ることはできない。ではどのようにしてカーブを通過できるかは、前著『図解・鉄道の科学』に詳しく説明したので、ここでは概

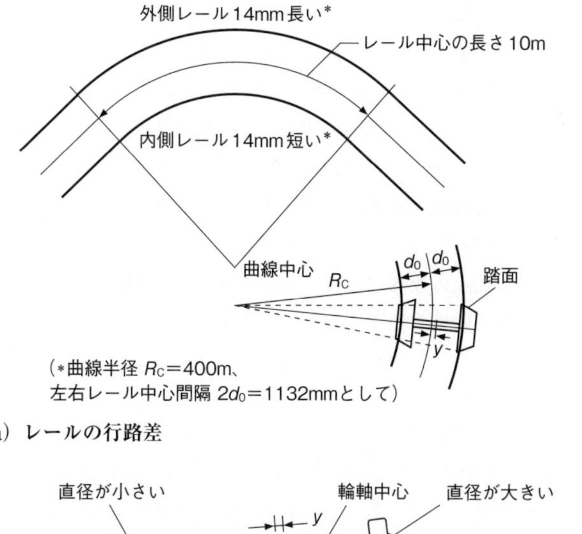

(a) レールの行路差

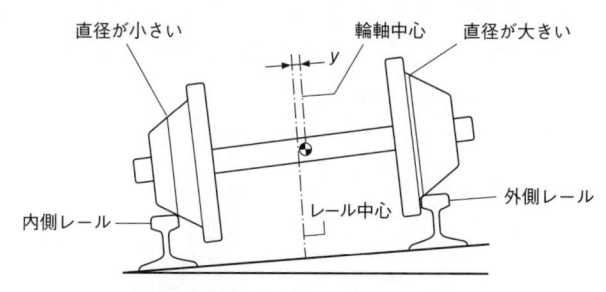

(b) カーブ上での車輪位置（踏面勾配は誇張して描いてある）

図2-10　カーブでの輪軸の動き

略だけを述べる。

鉄道車両がカーブを通過できる秘密は、車輪がレールと接触する踏面の形状に隠されている（前ページ図2－10）。

カーブ部分のレールは、内側よりも外側の方が長い。この内外のレール長さの差を行路差という（同図a）。

輪軸が直線からカーブに進入する時の様子を、踏面が単純な円錐形状の場合を例に説明する。

カーブに進入する時、車輪はカーブ外側にずれていく（同図b）。そのためレールと接触する踏面部分の直径は、外側の車輪では大きくなり、内側の車輪では小さくなる。このため同じ回転数でも、転がる長さは外側車輪の方が長くなる。

“内外車輪の転がる長さの差”と“レールの行路差”とが一致すると、車両はカーブをスムーズに走行できる。

ただし実際の車輪にはフランジがある。輪軸が左右レールの中央にある時のフランジとレールとの隙間（フランジ遊間：図2－11）の分だけ輪軸が移動すると、フランジはレールと接触する。

フランジ遊間を10mm、踏面勾配1/10と仮定すると、半径250m以上のカーブなら、フランジを接触させずに“内外車輪の転がる長さの差”と“レールの行路差”を一致できる。逆に

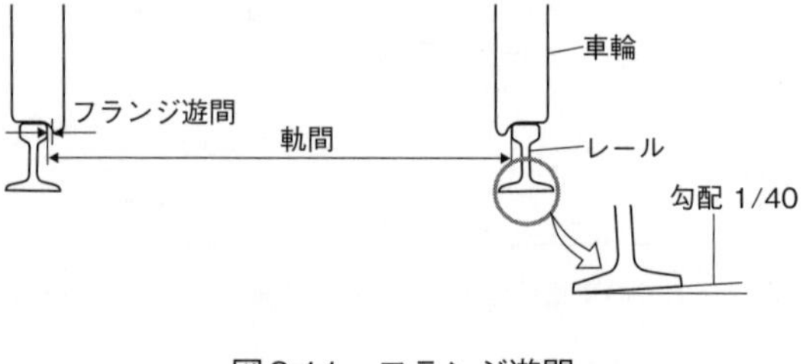

図2-11　フランジ遊間

いえば、半径250m未満のカーブではフランジがレールと接触しながら走行することになる。

カーブでフランジがレールと接触すると、フランジ、レール双方の摩耗が進み、車輪の削正やレールの取り替えなど、メンテナンス量が増大するし、振動の原因にもなる。

フランジをレールにできるだけ接触させずに急カーブを走行するには、"内外車輪の転がる長さの差"を大きくするために、踏面勾配を大きくすることが有効である。

◆危険な蛇行動

鉄道車両には、高速になると輪軸や台車が不安定な持続する旋回振動などを始める蛇行動とよばれる現象がある。蛇行動が発生すると、乗り心地が悪化するだけではなく、激しい場合には脱線することもあり、鉄道車両設計の際の重要な検討項目となっている。

電車が振動する原因にはいろいろある。たとえばレールの歪みなど車両外の原因や、車輪フラットや床下機器の振動など車両内からの原因で揺らされるのを、強制振動という。一方、カーブの入り口で遠心力が急に加わる場合など、何かのきっかけで揺らされる場合は自由振動という。

しかし鉄道の蛇行動はこのいずれでもない。吊り橋や飛行機の翼の風による振動、荷車のキャスター付き車輪の摩擦力による振動などと同じ、振動の原因が自分自身にある自励振動の仲間である。

蛇行動発生には踏面形状が密接に関係している。

輪軸がレール上を転がっていくと、踏面が傾いているため輪軸は左右への振動を続ける。この動きは幾何学的蛇行動とよばれている（次ページ図2－12）。

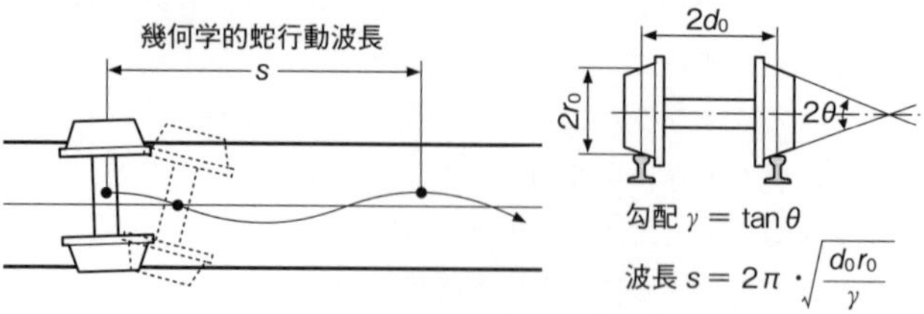

図2-12　幾何学的蛇行動

元の左右位置に戻るまでの進行距離（波長s）は、図の式で与えられ、踏面勾配γが大きいほど短くなる。この波長が短くなると蛇行動の発生する速度が低下する。

◆蛇行動を防ぐ

もちろん、実際の輪軸は軸箱支持装置で台車に取り付けられており、台車は空気バネなどで車体に取り付けられている。このような輪軸に対する拘束力は、蛇行動を起こりにくくする役割をする。

その一方で、車輪・レール間に働く摩擦力は、蛇行動を起こす原因になる。速度が増してくると、この摩擦力などの影響が輪軸に対する拘束力の効果を上回って、蛇行動が始まる。この蛇行動が発生する限界速度は、営業速度より十分に高くなるように設計される。この場合、前述の幾何学的蛇行動波長が大きいほど蛇行動発生限界速度は高くなる。つまり踏面勾配が小さいほど蛇行動を起こしにくくできる。

また、軸箱支持装置にガタが生じ拘束力が弱まる場合や、踏面勾配が摩耗により増大する場合などでは、通勤車両の速度域でも蛇行動が発生する。

同じく通勤車両で、耐雪ブレーキ（179ページ参照）の過度の使用で踏面が凹状に摩耗（凹摩）し、蛇行動が発生する例がある。凹摩のへこみの量が見た目には判別できない1mm程度でも、蛇行動が発生する場合がある。これには、凹摩により車輪のレールとの接触点が不連続にジャンプすることが関連している。

◆優れた直線・曲線走行特性の両立

前述のように、フランジをレールにできるだけ接触させずに急カーブを走行するには、踏面勾配を大きくすることが有効である。ところが一方、踏面勾配が小さいほど蛇行動を起こしにくくできる。

この相反する条件をできるだけ満たすのが、踏面設計のポイントの一つになる。

たとえば基本踏面（68ページ図2－9a）の曲線通過特性を向上させた円弧踏面が導入された。

直線走行する時にレールに接触する踏面中央部分は、傾きが大きくならないようにして走行安定性を高める。カーブでは、外側レールと接触するフランジに近い部分で、踏面の車輪径が大きくなるように円弧で結ぶ。一方、カーブの内側レールと接触するフランジから遠い部分では、車輪径が小さくなるように勾配を付けた。

しかしこの50kgN型レールを想定して設計した円弧踏面では、踏面が摩耗した場合60kg型レール区間で100km/hを超えると蛇行動が生じることが分かった。そこで基本的な考え方は踏襲したうえで、踏面中央部分の傾きを小さめにするなどの修正が施されたのが修正円弧踏面（同図b）である。現在JR在来線で広く用いられている。

地下鉄は急カーブが多く、最高速度は80km/h程度なので、踏面形状は曲線通過特性が重んじられている。

さらに銀座線・丸ノ内線では、急カーブに加えて、レールの間隔が狭軌（1067mm）ではなく標準軌（1435mm）である。そのためレール行路差がより大きくなるから、これに対応した大きな“内外車輪の転がる長さの差”が必要になる。そのため銀座線・丸ノ内線の踏面形状（同図c）では、フランジから離れた部分には1/5の特に大きな勾配が付けられている。

◆フランジ

高さ約30mmのフランジは、脱線を食い止める最後の砦だ。踏面設計の他の重要な項目はフランジである。

フランジの立ち上がり角度が急なほど脱線しにくくなるので、基本踏面の約60°から修正円弧では65°になっている。しかしあまり急にすると、分岐器の通過に問題が生じる、踏面との滑らかな接続が難しくなる、車輪のレールとの接触点の移動が不連続となる、などで限度がある。

ちなみに新幹線や一部の通勤電車のフランジ角度は70°である。

◆接触点の連続的な移動

基本踏面では、フランジがレールと接触する過程で、車輪のレールとの接触点が、踏面からフランジにジャンプする。そのような接触点の不連続な変化は、車輪・レール間の摩擦力に急激な変化をもたらし、振動の原因となる。

そこで修正円弧踏面は、接触点ができるだけ連続的に変化するように配慮されている。

また運行していくにつれて、踏面は摩耗して形状が当初のものから変化していく。この摩耗は、一定の割合で増加するのではなく、当初は摩耗が早く、走りこむうちに遅くなる。これは踏面形状がレール形状になじんでいき、両者の間に働く圧力が低下していくからと考えられる。

それなら最初からこの行き着く先の形状にしておけば、摩耗が少ないのではとの発想が出た。修正円弧踏面は、このような観点の形状でもあるのだ。

◆車輪削正

電車が雨の日に急ブレーキをかけた時など、滑走防止制御装置（198ページ参照）がない車両などでは、車輪が滑走して一部が平らになる車輪フラット（197ページ写真8-2参照）が生じることがある。車輪フラットは多くの弊害をもたらす。

また走行距離が長くなると、踏面が摩耗して、走行安定性が劣ってくる。そこで、このような状況になると、踏面の削り直

写真2-2　車体が載ったまま車輪削正できる在姿旋盤

写真提供／小田急電鉄㈱

し（削正《さくせい》）が行われる。

車両形式ごとに1年前後の周期で計画的に削正される。また、沿線に設けられたフラット検出装置のデータや目視で、計画削正まで待てないフラットや剝離が生じた時には、緊急の削正が行われる。1回の踏面の削正量は半径で2〜5mmである。

削正すれば、当然、車輪の直径は減少していく。標準的な車輪（踏面での直径860mm）の使用直径限度は、リム部の強度を維持するための限度があって通常774mmである。しかし削正の限度は、余裕を見て直径780mm、すなわち半径で40mmまでである。

以前の削正作業は、台車を車体から外し、輪軸旋盤にセットして行われていた。しかし近年は、車体が台車に載ったまま削正できる在《ざい》姿《し》旋盤《せんばん》（車輪転削盤）を導入する鉄道会社が増えている（前ページ写真2-2）。

たとえば軸はり式台車（66ページ図2-8d）では、軸箱の下の平面にジャッキをあてがって車体を支え、輪軸を自由に回転できるようにし、車輪を回しながら在姿旋盤で踏面を加工することができる。

小田急のM台車では、同一輪軸の左右の車輪の直径差は1mm以下、台車内の2個の輪軸の車輪直径の差は3mm以下、同一車両内の別の台車の車輪直径との差は少しゆるく6mm以下が管理基準だが、実際には同一車両の車輪では、ほとんど1mm以下におさめている。

第❸章

軽くて丈夫な車体の製造

写真提供／京王電鉄（株）

3-1 車体のスペック

◆車両限界と建築限界

車両が大きすぎると橋やトンネル、駅のホームなどとぶつかってしまう。そのようなことがないよう、車両寸法はこの範囲内で造らなくてはならないというのが車両限界、線路沿いの構造物はこの範囲から出てはいけないというのが建築限界である。

車両限界は、車両が直線路上に静止している時を対象にしているが、乗客が満員でも、空気バネの空気が抜けたり、車輪が摩耗したりした状態でも、車両のどの部分も車両限界を出てはいけない。ただし、障害物を排除する排障器など、安全運行に不可欠な部品は、構造物に支障しないことが確かめられている範囲なら、車両限界を出ることができる。

建築限界と車両限界との間には、走行中の車両の動揺分などを考慮した隙間を設けている。

図3－1aに、旧国鉄の電車運転を行う区間用の標準の車両限界、建築限界を示す。車両限界と建築限界との間には、お互いに侵してはいけない隙間として、車体側面部分で片側400mm、ホーム上端部と車体側面で75mmを設けている。

東京メトロでは、初期に建設された銀座線、丸ノ内線では、建設コストを下げるためトンネル断面を小さくした。そこで屋根上のパンタグラフではなく、線路の脇の第三軌条から集電したため、屋根上の限界は低い。

その後に建設された路線では、他の私鉄やJRとの相互乗り入れ運転をするために、パンタグラフで集電する方法とした。しかし架空線の代わりに剛体架線を用いて、屋根上のパンタグ

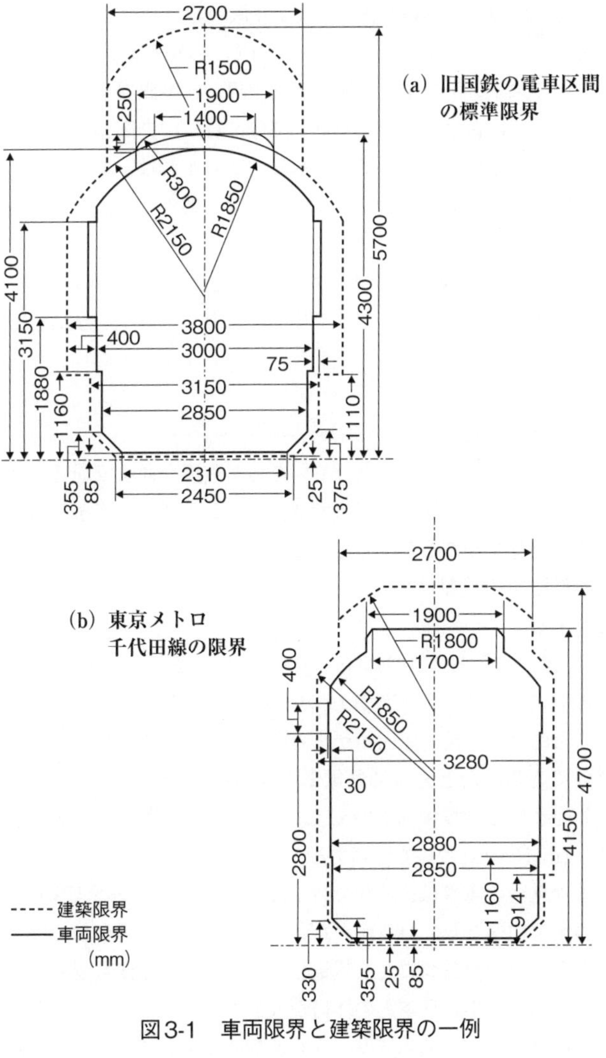

(a) 旧国鉄の電車区間
の標準限界

(b) 東京メトロ
千代田線の限界

図3-1　車両限界と建築限界の一例

ラフ部の限界は、やはり図3－1aより低い。

前ページ図3－1bに小田急およびJRとの相互直通運転を行っている東京メトロ千代田線の車両限界、建築限界を示す。

カーブでは台車から離れた車体部分、特に中央部および妻部分は線路中心から大きく横へずれる。このずれは、車両の長さや曲線半径に関係しており、長い車両ほど大きく、またカーブが急なほど大きくなる。

そこでたとえばJRでは、カーブの建築限界を図3－1aより、曲線半径をR（m）として片側あたり22500/R（mm）広げている。

◆乗車人数と重さ

乗用車に定員を超えて乗っていたら、道路交通法で罰せられてしまう。しかし鉄道やバスでは、ラッシュ時などですし詰め状態で運行することが認められている。

通勤電車の混雑度の目安として図3－2のように表現することがある。

法律および日本工業規格（JIS）では、鉄道の乗車人員を“座席＋立ち席”として計算している。

立ち席は、車両の床面積から着席者が占有する面積を除いた部分である。たとえば通勤電車の立ち席の“定員”は、0.3m^2に1人として計算する。しかし、すし詰め状態の立ち席の数は、1m^2に10人として計算する。

また乗客の重さは、法律では1人55kgとしている。JISでもこの値を標準としているが、たとえば特急専用車両などでは、大きな手荷物を持つことを想定して、より大きな値も認めている。さらに近年、日本人の体格が大きくなっているので、欧米向けの車両で用いられている75kgまで大きくした方がよいの

体がふれあい相当圧迫感があるが、週刊誌程度なら何とか読める。

電車がゆれるたびに体が斜めになって身動きができず、手も動かせない。

図3-2
混雑度の目安

ではないかとの声もある。

ただし、すし詰め状態の条件では、欧米では1m^{2}に7人で合計525kgとしているのに対して、日本では10人で550kgである。車両への荷重条件は、現状でも日本のほうが厳しいことになる。

◆車体に加わる力

通勤電車は、すし詰め状態でも安全運行できるよう、車体の構造部材は、次のような荷重条件で設計されている。

連結装置に作用する前後方向の最大力は、通常、圧縮力が345k～490kN、引張力が345kNになる。これらの最大力は、故障した列車を、救援列車が連結して動かす時に発生する。

一方、垂直方向の力は、車体自重と最大乗車時の乗客の重さとの合計に、走行中の振動を加味した10～30％増しの力とする。

さらに、カーブの出入り口などレール面がねじれている上を走行する時に、車体をねじる力も加わる。

車両は、これらの力が同時に作用した時にも、構体部材が変形したまま元へ戻らなくなる永久変形が発生しないように作られている。

通常、新たに設計した車両では、製作した構体に対して所定の力を加える荷重試験を行って、強度設計が適切に行われていることを確かめている。

◆車体の重心位置

鉄道車両がレールの上を安全に走行するためには、車輪からレールに加わる車両の重さが、停車状態で左右のレールに均等に分散していることが望ましい。しかし運転室やトイレの片側配置、座席の非対称配置などで、もともとの車体重心が、軌道中心（左右のレールの中心）からずれることもある。

このような場合は、床下部品の配置を工夫し、重心が軌道中心に近づくようにしている。そのような工夫をしても重心のずれが安全上問題になるほど大きい時は、鉄板を側構体などに詰め込むなどの方法で重心を移動する場合もある。

◆車体の寸法精度

「車両の長さ」という場合は、車体台枠の長さを指す時と、連結器どうしがかみ合う面の前後間隔（連結面間）を指す時がある。「20mの通勤電車」、「25mの新幹線車両」というのは後者である（図3－3）。

首都圏の通勤・近郊電車の10両編成で、全長200mになるような長い編成では、全長はどれくらいバラつくか。

鉄道車両は、車体台枠の全長を＋1～0cmの精度で製作して

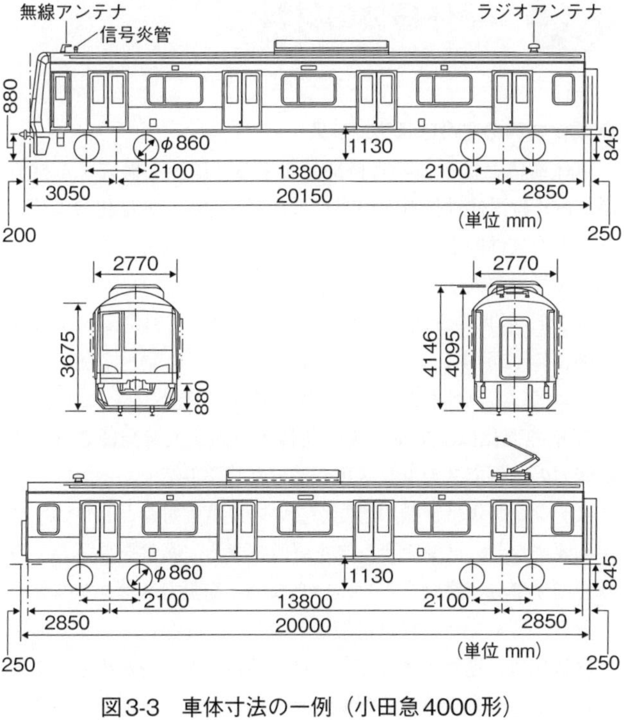

図3-3　車体寸法の一例（小田急4000形）

いるので、全長200mでも＋10〜0cmと非常に小さい範囲に収まっている。寸法を＋1cm許容し、－側を認めないのは、搭載する複数の大型機器どうしがぶつからないようにする配慮といわれている。

また、このように誤差が少ないことは、ホームドアを設ける場合も、ホームドアと車両側の出入口がずれるおそれがないことにつながる。

3-2 車体構体の材料

◆構体材料の主役はステンレス

車体構体とは車体の骨格部分である。車体を構成する材料は、古くは耐候性鋼材が中心だったが、近年、軽量化およびメンテナンス性向上を目的として、ステンレス鋼材やアルミニウム合金材の導入が計られている。

過去15年間に新造した近郊・通勤電車の材料別シェア推移を図3－4に示す。トータルするとステンレス鋼材70.8％、アルミニウム合金材23.7％、耐候性鋼材5.5％になっている。2007年の変化は、アルミ製の新幹線車両が大量発注され、生産能力の関係でステンレス車が減った特殊事情である。

ステンレス鋼は、錆の心配がないので腐食対策としての塗装が不要になり、メンテナンスを軽減できる。腐食を見込んで板厚を増す部分（腐食しろ）がいらない。高張力ステンレス鋼ならさらに薄くでき、軽量構造が実現した。

軽量化は、運行エネルギー低減、軌道に働く力が小さくなることによるメンテナンス軽減など、運営コストを低減できる。

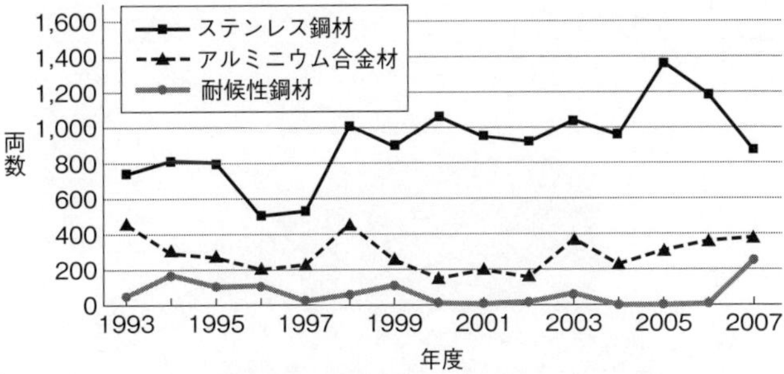

図3-4　近郊・通勤電車の材料別シェア推移

こうして現在、ステンレス鋼は通勤電車の車体構体材料の主役の座を占めるに至っている。

ステンレスにも各種あるが、鉄道車両には、炭素含有量の比較的少ないSUS301系ステンレスが主に使われている。SUS301系は製造過程で強さを高めることができ、しかもプレス加工などをしやすい。

このようにステンレス鋼製車両が全盛だが、車体と乗客の全荷重を支える台枠まくらばりと、連結器を取り付ける中ばりは大きな強度が必要なので、従来の車両と同様に高強度材料の耐候性鋼板を用いた連続溶接構造になっている（88ページ図3-5参照）。

この部分の鋼材の重さは、構体全体の重さの約20％になっている。

◆軽くて丈夫なアルミ合金

1962年に、構造部材に本格的にアルミニウム合金（アルミ合金）を用いた車両が登場したが、材料を市販のアルミ合金板に置き換えただけであった。構造は従来の鋼板製と同じで、製

写真3-1　日本で初めてアルミ中空押出形材を全面的に採用した通勤車両（西武20000系）　写真提供／西武鉄道㈱

造法もアーク溶接にリベット・ボルト結合を組み合わせた、旧来の方法で作られた。

溶接については96ページから詳しく述べる。

その後、軽量化と耐食性及びリサイクル性の良さを発揮させるため、鉄道車両に適した高強度で、しかも生産性の良いアルミ合金の開発、押出形材の開発が積極的に進められた。

そして台枠の床用部材に適した中空押出形材や側構体に適用する薄肉構造の中空押出形材の開発に成功した。1996年からこの形材がJRの特急車両、新幹線車両に採用されはじめた。

さらに1999年には、中空押出形材を全面的に採用した通勤電車として、西武20000系が誕生した（写真3－1）。この方式は摩擦攪拌接合（99ページ参照）の特徴を活かしたアルミ車両の標準的な構造として広がりをみせ、東京メトロ10000系は、この技術をより一層発展させた構造を採用している。

◆ 火災対策からみた車体材料

車両の火災対策として車両を燃えにくくする方法は、世界的に統一された方法にはなっていない。

日本では専門機関で耐燃焼性試験を行い、材料の耐燃焼性を不燃性、極難燃性、難燃性とランク付けしている。鉄道車両でも、現在では腰掛の表地・詰め物、カーテン、床敷物、壁・天井の内装材、つり手、窓ガラス用ゴム、塗料など車内の製品は、すべて耐燃焼性試験に合格した材料が使われている。

さらに2003年2月に韓国の地下鉄で起きた車両放火事件（死者192名、負傷者148名）を教訓として、天井付近に大量に用いる部材は、より厳しい耐燃焼性試験に合格することが要求されている。

ただし、吊り広告や壁に備え付けの広告などは、燃焼時間が短く発熱量が少ないので、耐燃焼性試験の対象外になっている。

日本の鉄道車両の燃えにくさを実証するため、30年以上使われた後に廃車する複数の車両を使った実験が、消防庁消防研究所（当時）で行われた。

韓国の放火事件を模し、大量のガソリンを床および腰掛に撒いて着火する実験を繰り返したが、いずれもガソリンが燃えつきると、内装材は焦げることはあっても延焼せず、自然鎮火することが確認されている。

3-3 構体の製造工程

◆ ステンレス鋼製構体ブロックの製造

ステンレス鋼製構体の基本的構成は、土台となる1組の台

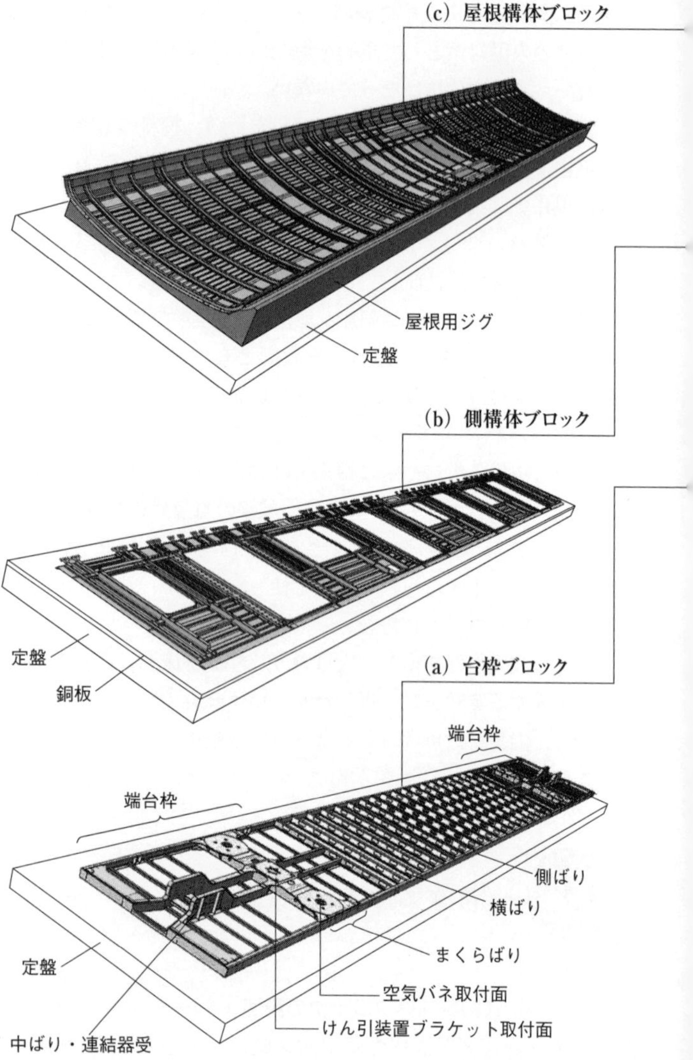
(c) 屋根構体ブロック
屋根用ジグ
定盤
(b) 側構体ブロック
定盤
銅板
(a) 台枠ブロック
端台枠
端台枠
側ばり
横ばり
まくらばり
空気バネ取付面
けん引装置ブラケット取付面
定盤
中ばり・連結器受

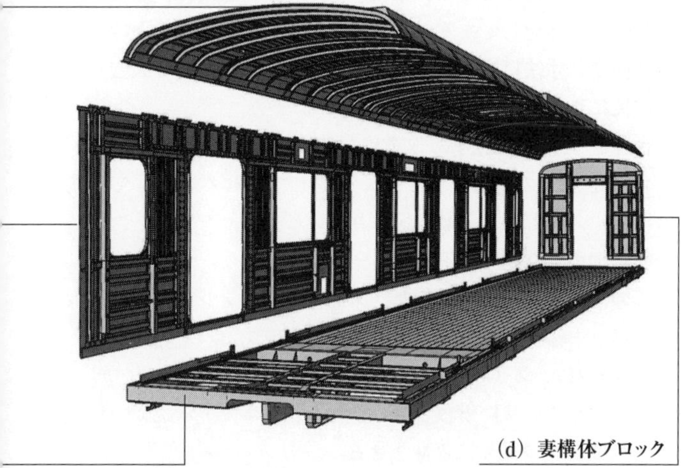

図3-5　ステンレス製車体構体の製造

枠、両側面の壁になる2組の側構体《がわこうたい》、前後面の壁になる2組の妻構体、および1組の屋根構体を溶接で組み立てた六面体だ。

実際に小田急4000形の車体構体を組み立てる工程を順にたどってみる（図3－5）。

◆台枠ブロック（同図a）

客室の床を構成する部分で、車体および乗客の重さを支える車体の基本となる構造部材である。

台枠ブロック前後の両端部材は端台枠《はしだいわく》とよぶ。台車との間で力を伝達する部材の取付面を備えた車体まくらばりと、連結器装置の取付部を備えた中ばりをT字状に組み合わせ、さらに周囲に端ばりと側ばりを溶接で一体に組み立ててある。

この端台枠は、車両の中で最大の力が複雑に働くため、材料はステンレス鋼ではなく、厚板の耐候性鋼板を用い、連続溶接で強固に一体化してある。まくらばり下面の部材取付面は、高い平面度と寸法精度が要求されるので、端台枠の姿で大型の工作機械によって正確に加工が行われる。

台枠を一体に結合する作業は、前後2組の端台枠を幅3m、長さ20m以上の定盤上にひっくり返して載せる。そして、端台枠間にステンレス鋼製の側ばりおよび横ばりを配置した後、定盤に拘束した状態で溶接して一体に結合する。

この後、ブロックを反転し、床面側にステンレス鋼製の波板をスポット溶接して、台枠ブロックが完成する。

◆ **側構体ブロック**（同図b）

変形しやすい薄い外板と骨組部材を、スポット溶接で一体化し、強度をもつように変身させる。

組み立て作業は、厚い銅板を張った大型定盤上に、出入口や窓などの開口部を切り取った薄いステンレス鋼の外板を載せ、開口部周辺の補強板、柱や補強部材をそれぞれの位置に拘束する。

定盤の銅板は、スポット溶接の電流の通り道になっていて、この定盤上で2点同時にスポット溶接を行いながら全体を組み立てると、外板面の平面性がよい溶接品質の高い構体ブロックが完成する。

◆ **屋根構体ブロック**（同図c）

上向きの凸形状になっている屋根構体の組み立て作業は、凸をひっくりかえした凹形状の板を等間隔に配置したジグ（jig：位置決めの道具）を、大型の定盤上に載せて行う。ジグ表面には銅板は貼り付けない。

ジグ上にステンレス鋼製の波板を長手方向に載せる。この波板は、複数の素材を屋根の幅に合わせてあらかじめ連続溶接しておき、水漏れのないようにしている。

　また、ほぼ中央に空気調和装置用の開口部を設けることが多い。そうした開口部補強および骨組部材（垂《たる》木《き》）を配置し、これらと波板とをC形のアームをもった溶接器で1点ごとのスポット溶接をしてブロックが完成する。

◆**妻構体ブロック**（同図d）

　連結側の平面構造は、側構体と同じように、銅板を張った定盤上で、薄いステンレス鋼の外板と骨組部材とを組み合わせ、スポット溶接で一体に組み立てる。

　しかし先頭側妻構体は、曲面で構成する部分があることと、衝突事故に備え、耐候性鋼の厚板をアーク溶接で強固に一体化する方法が用いられる。

　全体が厚い部材で構成されているので、万一事故で部材が変形した場合には、その部分を切り取って交換することで、元の強度に回復することができる。

◆構体全体の組み立て

　台枠ブロックは、側ばり下面を20本以上のジャッキで支持する。この時、床面がゆるやかなアーチ状（キャンバという）となるように、前後のまくらばりを基準にして、車体中央を約

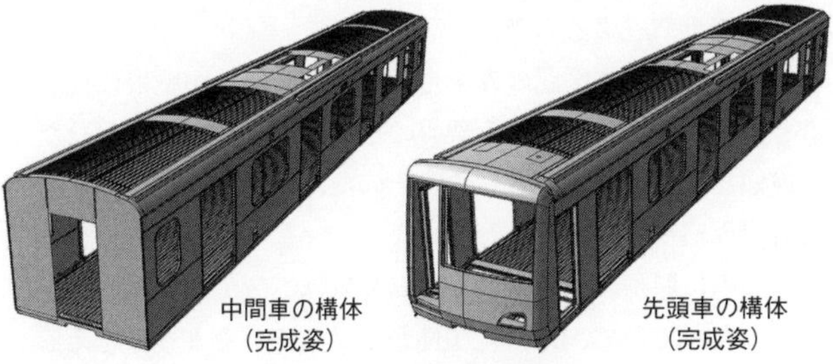

図3-6　車体構体完成姿

20mm、台枠端部もわずかに高くなるようにしておく。

台枠ブロック周囲に側構体ブロックと妻構体ブロック各2組を結合する。

その結合面には、事前に防水剤を塗っておく。また、側ブロックは横方向にたわみやすいので、ブロック途中の床との間に斜め材を仮止めし、たわまないようにしておく。

最後に屋根ブロックをかぶせ、床から屋根までの高さ、全体の直角度などを調整・確認した後溶接で結合して、構体が完成する（前ページ図3－6）。

◆屋根表面の絶縁処理

直流架線区間を走る電車の屋根は、電気絶縁性のある材料でカバーしてある。

万一、架線が切れたり垂れ下がったりした場合、高電圧の架線が屋根に接触することもありうる。ところが、このような現象では電流の急激な変化が生じないため、変電所では検知できず、とっさの対応ができない。

屋根が絶縁処理されていないと、車体が高電圧になったり、車体を経由する電流が大きくなったりして、車両の機器や乗客に被害が出たりするおそれがある。そのため屋根を電気絶縁性の材料でカバーするのだ。

一方、交流架線区間のみを走る電車は、架線が屋根に接触すると、それによって起きる架線の電圧変動を、変電所がただちに検知して給電を止められる。そのため、通常、屋根を絶縁性材料でカバーすることはしていない。

ちなみに屋根に載っている空調装置は、ステンレス材がむき出しになっていて、電気絶縁性が不足しているように思える。

しかし直流架線区間を走る車両の空調装置のステンレスカバ

ーは、通常、絶縁碍子を用いて空調装置本体に取り付けてある。これによって、屋根表面を覆う絶縁材料と同等の電気絶縁性を備えているのだ。

◆アルミ中空押出形材

アルミニウム（アルミ）合金製の車体には、両面段ボールの

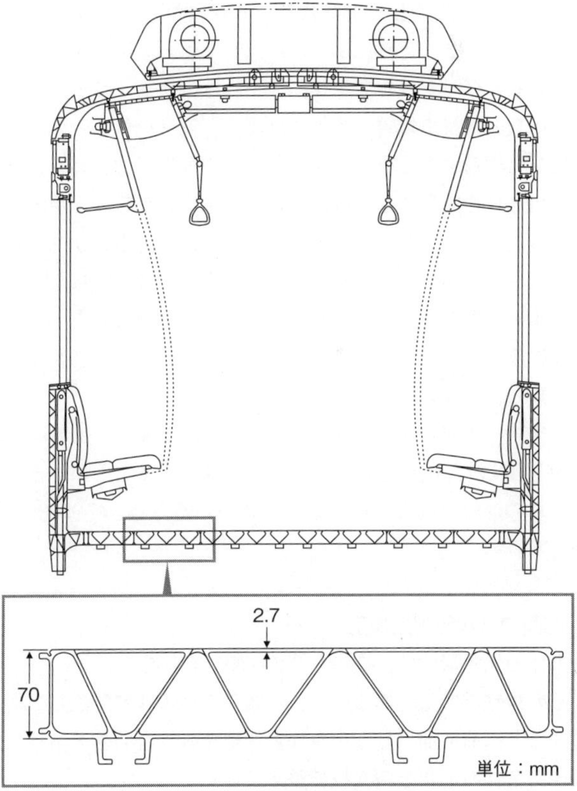

図3-7　アルミ中空押出形材の例

ような構造の強度部材が多く使われている。両面段ボールは、2枚の板紙の間に波形の中芯を挟んで接着してある。この構造の押出形材は新幹線車両にも使われている。

構体断面と、それを構成している押出形材の例を前ページ図3-7に示す。

骨組みに外板を貼り付けた従来の構造は、板が1枚なのでシングルスキン構造ともよばれる。それに対してこうした構造は、表・裏2枚の板があるのでダブルスキン構造という。

アルミ合金でダブルスキン構体を作る方法は、段ボールのように複数の板材を接着するのではなく、部材全体を一体として押出して成形する。成形品をアルミ中空押出形材という。

押出形材を成形するには、部材が押し出される部分がすき間になった金型を作る。この金型をプレス機の押出シリンダの先端に取り付ける。シリンダには500℃くらいに加熱した円柱状のアルミの塊を入れ、大きな圧力をかけて金型に通す。すると一体に成形された形材が押し出されてくる。これを必要な長さに切断し、強度要求に応じて熱処理を行う。

中空押出形材はもっとも幅が広いものは55cm、長さは新幹線の1両分の25mのものを一気に押出成形することができる。これらの形材の成形に用いるプレス機の能力として9500tの例がある。

◆前面の3次元削出加工

車体の先頭形状は、鉄道会社の“顔”でもある。

その複雑な構造を作るには、骨組みを格子状に配置し、格子の面ごとに曲面加工した小さな表面板を張り合わせて溶接し、最後に全体の形状を職人技で整えていた。

しかしこの方法は、作業時間が長くなることから、特急車両

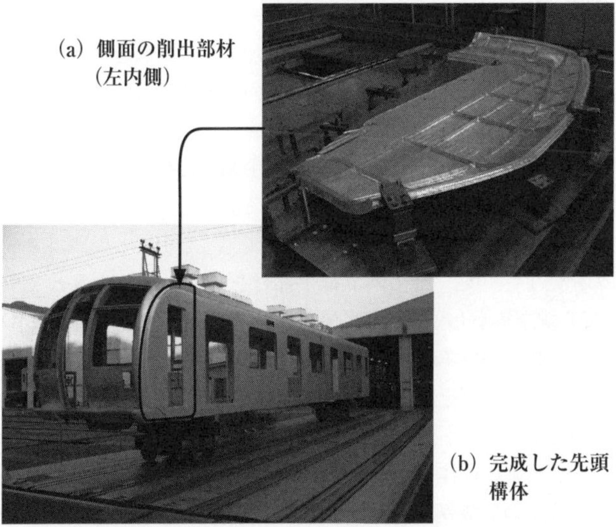

(a) 側面の削出部材
(左内側)

(b) 完成した先頭
構体

写真3-2　アルミ製車体の先頭構体（削出加工）
写真提供／㈱日立製作所

のように製作両数が少ない場合に限られ、製作数の多い通勤車両ではほとんど利用されてこなかった。

そこで近年、多くの部材を溶接で組み上げるのではなく、あらかじめ曲面にした厚い部材を、自動加工機械で表面と裏面の骨組みとを、一体物として削り出す方法が試みられるようになってきた。写真3-2に、東京メトロ10000系の先頭側面部分の削り出し加工した部材（同写真a）と、その部材を組み立てた先頭構体（同写真b）を示す。

この方法はロボットによる作業の自動化が可能で、均質な製品をたくさん作ることができる。また削出部材は強度が高いために、衝突事故などでも、車体の損傷を軽減できる効果が期待される。

◆アーク溶接

溶接とは、金属どうしの接合部に熱や溶着金属を加えて、部材を接合する工作法である。鉄道車両の製作にも溶接は不可欠である。

耐候性鋼材の小規模な溶接には、手動の溶接トーチと被覆溶接棒によるアーク溶接法が用いられる。

溶接箇所（継手部）と溶接棒の金属線（心線）との間にアークを発生させて、その熱で継手部材を加熱・溶融するとともに、心線を溶かして継手部に溶着させ、部材どうしを接合する。

この時、溶接棒の被覆材および被覆材から発生するガスにより、溶けた心線を周囲の空気から遮断して、健全な溶接継手を実現している。

鉄道車両の構体や台車枠などの大きな構造物には、生産性を高めるため炭酸ガスアーク溶接法が用いられる。

この溶接法の原理は、周囲の空気を遮断するガスとして不活性ガス（アルゴンまたはヘリウム）を用いるミグ（MIG：Metal Inert Gas）溶接法と同じである。ただし高価な不活性ガスの代わりに炭酸ガスを使っている。

溶接棒の心線の代わりにコイル状に巻いた細い心線を使い、アークの熱で心線が溶け落ちると、自動的にコイルをほどきながら送り出して溶接部分に溶け込ませる。

また近年、ステンレス鋼材とアルミニウム合金材では、これらの溶接法の他に、材料の特性を活かした以下のような溶接方法も導入されている。

◆スポット溶接

ステンレス鋼は熱伝導率が小さいため、アーク溶接では溶接箇所の変形が大きくなり、車両の外板のように乗客の目につく

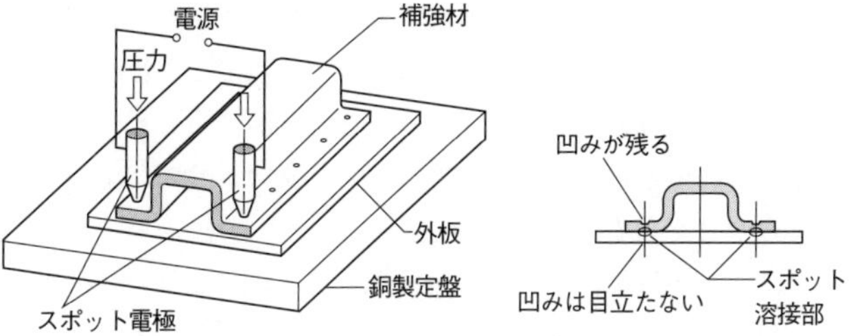

(a) 2ヵ所同時のスポット溶接　　(b) スポット部断面

図3-8　スポット溶接

ところには使えない。そこで、きれいな外観を保てるスポット溶接が用いられている。

スポット溶接の原理は、Cの字形の部材の先端に電極を組み込み、2～4枚の溶接したい部材を重ね、溶接箇所を電極で大きな力で挟みつける。電極に短時間大電流を流すと、電極から電極への電流の通り道部分に重ねた部材が、電流で発生する熱で溶けて結合する。

溶ける範囲がごく狭いため、部材の変形は小さい。

構体のような大きな構造物に多数のスポット溶接をする場合には、銅製の大きな定盤の上に外板と補強部材を重ねて置く。接合面には2本の電極を同時に押しつけ、一方の電極をプラス、他方をマイナスにして通電する。こうして、同時に2ヵ所を溶接できる（図3－8a）。

スポット溶接した箇所には、直径3～5mmのくぼみが残る。たとえば側構体と台枠とを結合する裾の部分は、大きな強度が必要なので、このえくぼが2列の細かいピッチで並んでいるのがみつかる。

スポット溶接では、電極に接した補強材にはくぼみが残るが、銅板に接した外板の表面のくぼみは目立たない（同図b）。

この工法の課題は、くぼみが残ることの他に、重ね溶接以外の立体構造には使えない点である。また、溶接箇所どうしが近過ぎると、電極の電流が隣にも流れてしまい、適切な結合強度が得られなくなる。

スポット溶接は、家庭用の洗濯機や冷蔵庫など薄い金属板から、自動車などの厚い部材まで、また耐候性鋼材、ステンレス鋼材、アルミニウム合金材など各種の金属同士の結合にと、幅広い用途がある。

◆レーザ溶接

鉄道車両製造にも、レーザ溶接が使われ始め、今後、本格的に取り入れられていくと思われる。

レーザ溶接の原理は、レーザ発生装置で発生したレーザ光を集光レンズで集めてエネルギー密度の高い光を作り、それを部材に照射して、金属を溶解・凝固させて結合する（図3-9a）。

この方法は、スポット溶接法と違って照射位置を移動させることによって連続溶接ができる。また、溶接条件を選んで溶け込む深さを調節することで、裏側の表面にスポット溶接で見られるくぼみ状の痕跡を残さずに接合できる（図3-9b）。さらに、スポット溶接法よりも4～5倍くらい速く施工でき、アーク溶接とくらべて少ない入熱量のためひずみの発生が少ない特徴がある。

しかし、レーザ光は、目の網膜に有害で、反射光でも失明を招くおそれがあるため、作業場所ではレーザ光が外部に漏れないように、また、接合面にごみなどが入り込まないように、仕切壁などで区画する必要がある。

実際の作業では、仕切壁の外部に置いたレーザ発生装置から

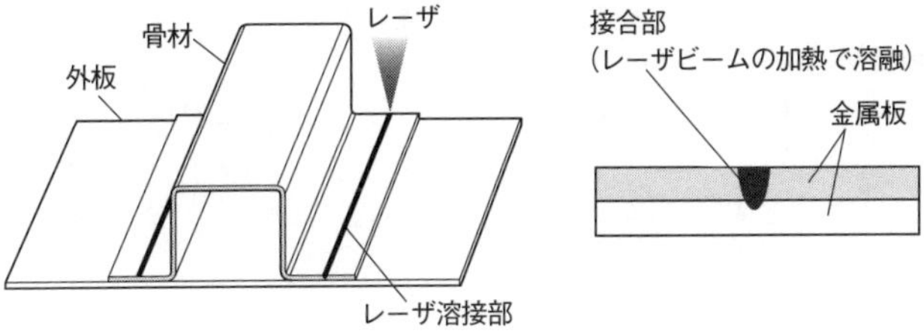

(a) レーザによる連続溶接　　(b) 溶接部断面

図3-9　レーザ溶接

レーザ光を光ファイバで導き、作業場に設置したロボットで溶接する方法が行われている。

レーザ溶接は、自動車分野では実用化が進み、適用範囲が広がり始めている。しかし鉄道車両では、構体の全体に適用するには大きな区画室が必要なこと、および溶接する部材間が密着するように加圧するためのジグなどが必要になり、生産性が低いので、これまでごく限られた車両だけに適用されてきた。しかし、上述の長所を生かすために、設備投資をする車両メーカもあり、今後の発展が期待される。

◆摩擦攪拌《かくはん》接合

摩擦攪拌接合（FSW：Friction Stir Welding）は、金属が流動性を示す温度域（溶ける温度より低い）では、複数の金属を少しずつ混ぜ合わせると、接合して均質な一体物となる性質を利用した、新しい接合法である（次ページ図3－10）。

なお、“接合”と“溶接”とを同義語として用いている。

摩擦攪拌接合は、次のような特長を持つ。

①溶接後の変形や欠陥が少なく、後処理やひずみ取り作業をしなくても良好な外観になる。

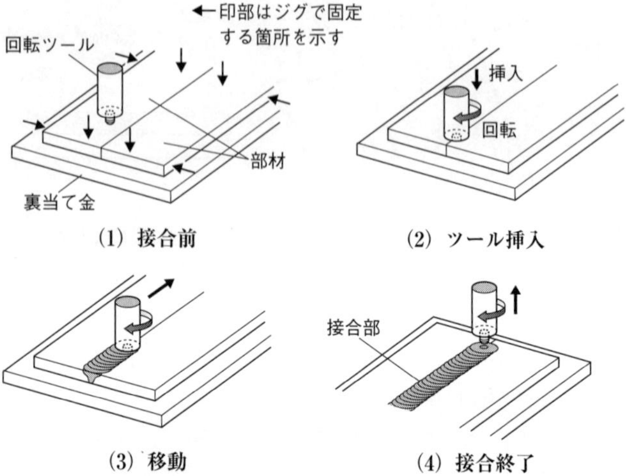

図3-10　摩擦攪拌接合法

②接合部の品質が作業者の技量に依存しない。
③溶接部の機械的強度は通常のアーク溶接と同等以上。
④押出形材の長手方向に沿った溶接の自動化、ロボット化が容易で、徹底的な省力化が図れる。
⑤溶接用心線と不活性ガスが不要で、省力化とともにコスト面でも優位である。
⑥アーク溶接では避けられない溶接火花や飛散金属粉、粉塵などの発生がなく、作業環境が清潔に保てる。

摩擦攪拌接合は1991年にイギリスで開発された技術だが、鉄道車両への応用は日本がもっとも進んでいて、アルミ合金製車体の製造に使われている。今後、広く応用されていくと思われる。

第4章

大きく明るいドアと窓の仕掛け

写真提供／小田急電鉄（株）

4-1 側《がわ》引戸の仕組み

◆両開きの側引戸

車掌室のスイッチで全車両の側引戸が一斉に開閉するようになったのは、日本では1926年から京浜線電車に空気式戸閉め装置が改造によって取り付けられたのが最初である。新製車両では1929年製造の旧国鉄のモハ31形式からである。

乗客が乗り降りする側引戸（以下、この節では単に「引戸」とする）は、乗降時間が短くできること、すし詰め状態でも開閉しやすいことなどから、2枚の戸を連動して両方向に開くようになっている。開き幅は一般に1300mmになる。

引戸の構造は、上部のかもいの中に設けた上レールに戸車を組み合わせるか、ガイドにぶら下げるのが一般的である。床面の下レールは、乗降に支障のない高さの10～15mm程度にしてある。引戸の下レールに接する部分は、走行中にがたつき音が少ない、二硫化モリブデン入りのナイロン樹脂などが用いられている。

引戸を開け・閉めする装置（ドアエンジン）には、電気式と空気式とがある。

電気式はモータの回転力を直線運動に変換して使う方法か、リニア（直線運動）モータを使う方法がある。空気式は圧縮空気をシリンダに送り、ピストンの動きで引戸を開閉する。

左右の引戸を連動して動かす戸閉め装置の構造はいろいろあって、統一されていないが、ボールねじ式、ベルト式、ラック・ピニオン式などがある。ここでは電気式・ボールねじ式と空気式・ベルト式の戸閉め装置を説明する。

◆電気式ドアエンジン・ボールねじ式

図4－1は電気式ドアエンジンの一例で、モータ＋軸継手＋ボールねじ装置からなる。ボールねじ装置は、ねじを切った軸とナットの間に鋼のボールを入れ、ねじの回転によってスムーズにナットを軸方向に移動させる機構だ。

ボールねじの溝は、左右の引戸が連動して開閉するように、

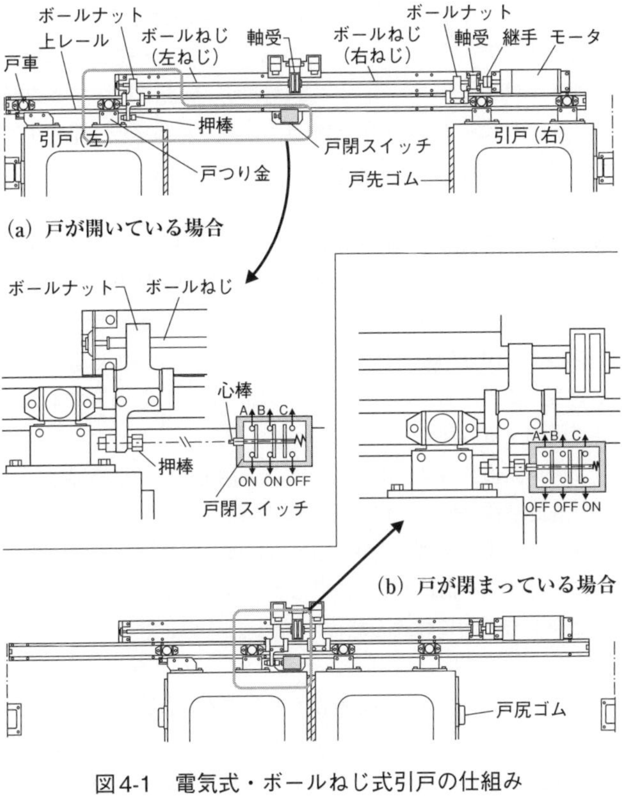

(a) 戸が開いている場合

(b) 戸が閉まっている場合

図4-1　電気式・ボールねじ式引戸の仕組み

中央を境に左側は左ねじ、右側は右ねじになっている。

引戸が開いた状態（同図a）でモータを回すと、ボールねじに組み合わさったボールナットが直線運動をして、左右の引戸が中央に向かって連動して閉まっていく（同図b）。その時の戸閉めスイッチ部の拡大図に示すように、左の引戸につながるボールナットに取り付けられている押棒が、戸閉めスイッチの心棒を押し込んだ後、機械的に戸をロックするローラが溝にはまりこんだ時点でモータの電流は切れ、閉め動作は完了する。

電気式ドアエンジンには、この他、リニアモータによって、後述する空気式ドアエンジンとほぼ同じ機構で開閉する方式や、やはり後述する、引戸の動きを連動させるプーリ車の中にモータを組み込む方法などもある。

◆空気式ドアエンジン・ベルト式

空気式ドアエンジンは、取り扱いが容易な方法として、電気式と同様に引戸上部のかもい部分にドアエンジンを設け、ピストン棒の直線運動を用いて引戸を開閉する方法が広く導入されている。このタイプを、クッションシリンダ付きのドアエンジンで説明する（図4－2）。

この戸閉め装置は、ドアエンジン＋戸閉めスイッチ部分、および連動装置部分が一体構成されている。

開いた状態（同図a）から閉めるには、ピストン棒側の給気口に圧縮空気を供給する。するとクッションシリンダとピストンとが縮む方向に移動を始め、同図（b）の状態を継続して移動する。

クッションシリンダの先端がシリンダ本体に接触すると、クッション行程に切り換わり、クッションシリンダとピストン棒との隙間で絞られた空気がピストンを押していく。最後に左の

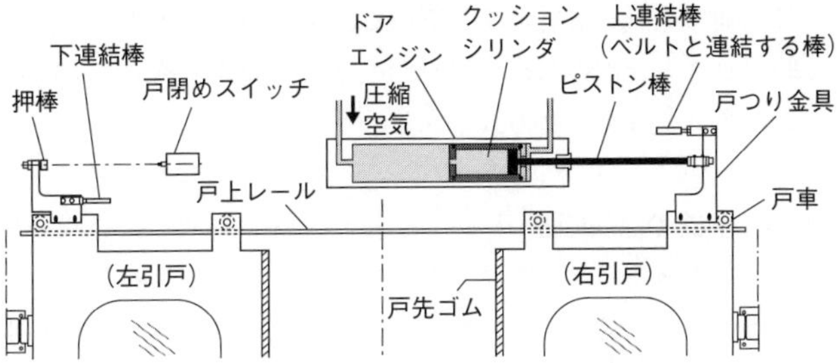

(a) **開いている状態**

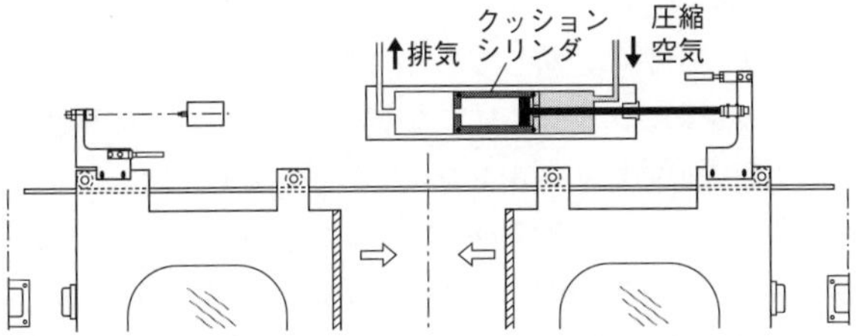

(b) **閉め行程の中間状態**

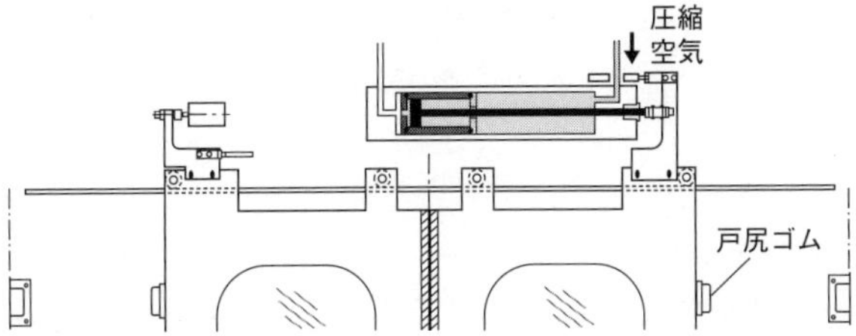

(c) **閉め完了状態**

図4-2　空気式・ベルト式引戸の仕組み

引戸上部にある押棒が、戸閉めスイッチの心棒を押し込んで閉め動作は完了する（同図c）。クッション行程では、速度は遅く、閉める力は弱くなる。仮に、戸に手や物がはさまれても、容易に引き抜くことができる。

この他の空気式ドアエンジンには、圧縮空気でピストンが動く時、ピストンが押し出す反対側の空気の通路を絞って、ピストンの動きを遅くする方式がある。

◆ベルト式の左右連動

前述のボールねじ式では、左右のねじの方向を変えることで左右のドアを連動させていた。ベルト式ではベルトの動きを利用している。

左右の引戸の連結棒が、左右のプーリの間に張り渡したベルトの下側および上側に連結してある（図4－3）。

ドアエンジンのピストン棒につながった右引戸が左に移動すると、右引戸の連結棒がベルトを反時計回り方向に回転させる（同図a）。これによって下側のベルトにつながった左引戸連結棒が右に動いて、左右の引戸は連動して動く（同図b）。

左右の扉の連動方法として、ボールねじ式とベルト式の他に、上下に向かい合わせた直線状のラックと、それにかみ合う1組のピニオンで、ベルトと同様の動きを実現するラック・ピニオン式がある。

◆戸閉めスイッチ

引戸が完全に閉まっているかどうかにより、ON・OFFするのが戸閉めスイッチである。

一般の車両では、引戸が開いていると戸閉めスイッチの心棒は伸びており、電気接点はA、B回路をON、C回路をOFFにする（103ページ図4－1a）。一方、閉まっていると心棒は押し込まれ、接点はC回路をON、A、B回路をOFFにする（同図b）。

A回路は開閉動作確認用（車側表示灯回路）、B回路は再開閉操作回路用、C回路は戸閉め表示灯回路用である。

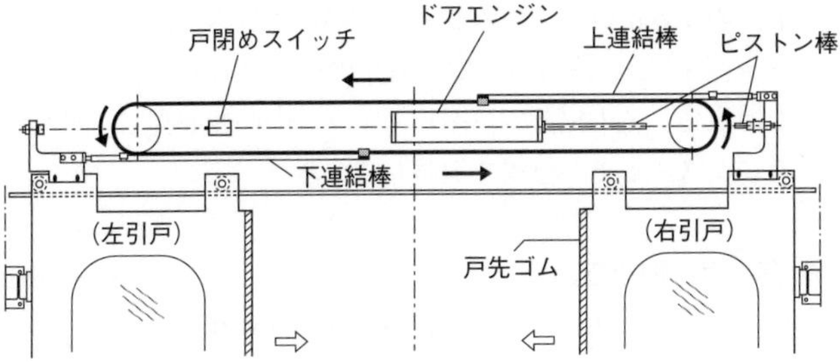

(a) 開き位置から閉まり始める直前

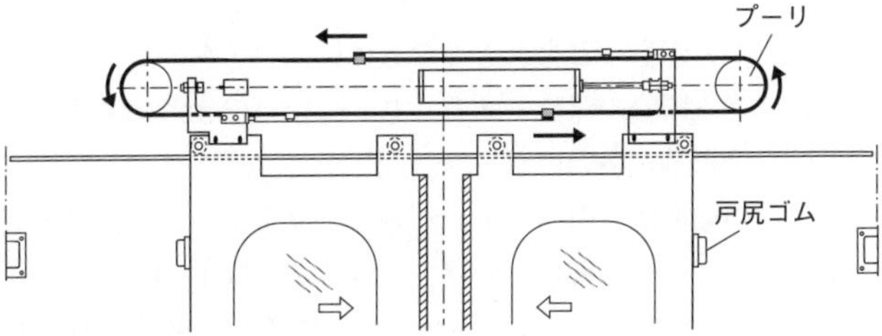

(b) 閉め行程完了直前

図4-3　左右連動の仕組み（空気式・ベルト式）

なお、戸閉スイッチの電気接点が1つで、その電気信号により間接的にA、B、C回路を制御している電車もある。

◆開閉動作速度

引戸の動く速さは、開閉動作中はほぼ一定で、動作終了直前で速度を遅くするクッション動作になり、体や持ち物が挟まれないようにしている。

このドア開閉速度の変化は、空気式と電気式ドアエンジンでほぼ同じである。戸を閉め終わるまで、および開き終わるまでの時間は、一般に3秒前後に調整されている。

引戸の開き位置は、戸の後ろ部分の戸尻ゴムで調整する（前ページ図4－3）。閉め位置は両引戸の戸先ゴムどうしが押し合った時点で、この位置で戸閉めスイッチの心棒が押し込まれるように、スイッチの位置を調整している。

◆側引戸へ加わる力

側引戸には、満員の時に乗客がむりやり乗り込んだり、押し合ったりする力や、走行中の遠心力などで、外側に向かって大きな力が作用する。

そうした力がもっとも大きくなるのは、朝・夕のラッシュ時の他に、終電間際の深夜である。じつは引戸の変形による開閉故障は、深夜帯が多いのだ。

側引戸の強度は、引戸を上レールおよび下レールに接触する両端を支持した姿で荷重をかけて試験する（図4－4）。

一般に、中央部分に体重100kgの人が静かに乗った時に相当する荷重が作用したとき、中央部分のたわみが6mm以下で、しかも荷重を取り去った時に変形が残らないように作っている。

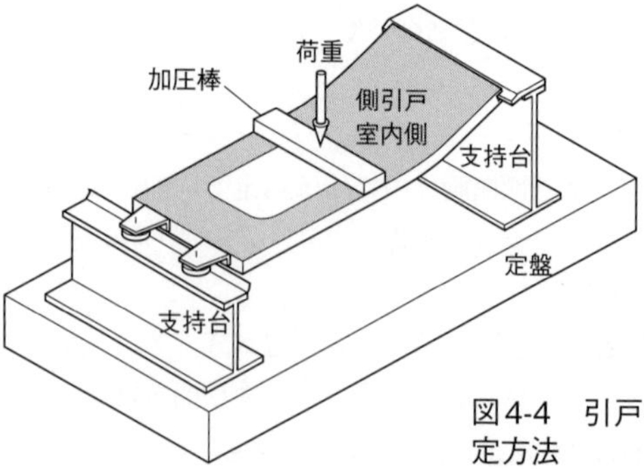

図4-4　引戸の剛性強度測定方法

4-2 側引戸の開閉操作

◆車掌スイッチ

通常、側引戸の開閉は乗務員室の車掌スイッチで行う。そのスイッチは、取り扱い頻度が他のスイッチ類と比較して格段に多いとともに、運転保安機器として強固で高い信頼性が要求されている。またスイッチ内の接点部は密閉されており、ホコリや振動、衝撃に対して十分保護されている。

車掌スイッチ箱の上方に閉め操作ボタンや操作棒、下方に開き用の操作棒が取り付けてある。開き操作を行う時に誤操作しないように、操作棒をひねってロックを解除してからでないと、押し上げ操作ができない構造になっている車両もある。

◆再開閉装置

空気式ドアエンジンの場合、車掌スイッチで戸閉め操作をしても、何らかの原因で引戸が完全に閉まらない時には、別に設けた再開閉スイッチを押すことによって、閉じていない引戸のみ開き動作を行う。このスイッチから手を離すと、引戸は再度閉め動作を行う。すべての引戸が完全に閉まると、再開閉スイッチの電源は切れて動作しなくなる。

電気式ドアエンジンの場合、戸の先端が物にあたるなどして閉まる速度が遅くなると、モータ電流が増加する特性がある。その電流を検知し、自動的に閉め動作を一時的に止め、その後小刻みに閉めと停止の動作を繰り返すようになっている。

この間に、戸に挟まったものはたいてい取り除くことができる。もしも取り除けない場合は、再開閉スイッチを押し、いっ

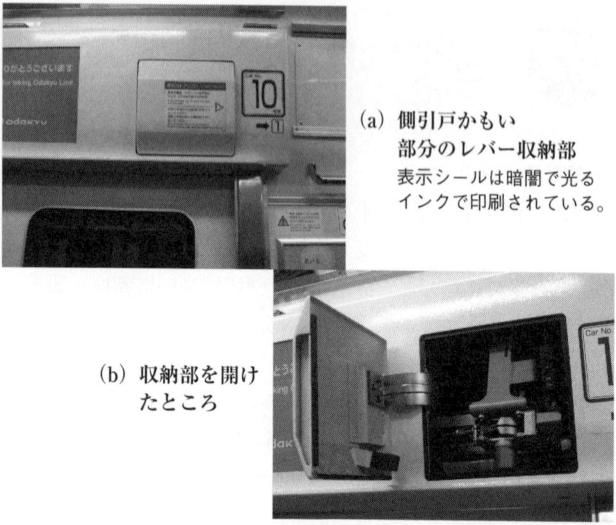

(a) 側引戸かもい部分のレバー収納部
表示シールは暗闇で光るインクで印刷されている。

(b) 収納部を開けたところ

写真提供／小田急電鉄㈱

写真4-1　非常用ドアレバー

たん大きく戸を開けた後、再度閉動作を行う。

◆手動で開ける方法

ボールねじ式ドアエンジン（103ページ図4-1）では、戸が完全に閉まる位置に来ると、ボールナットが付属するロック掛金とともに回転し、掛金が溝にはまり合う位置に入ってロックされ、モータの電流は切れる。

手動でこの戸を開ける必要がある時には、かもい点検ふたの中にある取手（非常用ドアレバー）を引くと、ワイヤで溝の中のロック掛金を戻し側に回転させてロックが外れるので、手で戸を開けられる。

空気式では、空気圧によって引戸が互いに押しつけられている。手動で戸を開ける必要がある時は、かもい点検ふたの中の締め切りコックのハンドルを操作し、シリンダの空気を抜くと、押し付け力がなくなって、手で開けることができるようになる（写真4－1）。

非常用ドアレバーは、かもいの他に車内妻側や車体外側側面にも設置されている。

◆開閉用の電気回路

引戸の開閉に係わる電気回路は、乗客の安全を確保するためのもっとも重要な保安回路である。その電源は、停電時でも開閉操作ができるよう、バッテリから供給される直流100Vが用いられる。

最近の車両では、引戸開閉用電気回路には、①開閉動作確認回路、②再開閉操作回路、③車側表示灯回路、④戸閉め表示灯回路、⑤戸ばさみ検知回路、⑥戸閉め保安回路の6回路が相互に関係して保安度を確保している。

このほかにも半自動戸閉め回路、特定扉操作回路などを組み合わせる場合がある。

①～⑤のすべての回路の動作が完了して、運転台にある戸閉め表示灯が点灯するまで、車両は走行用制御回路の電源が切れていて、走行できない。

さらに、走行を開始後も⑥戸閉め保安回路によって、速度が5km/hを超えると引戸開閉の基本回路の電源が切れる。このため、仮に車掌スイッチで開き操作を行っても、引戸が開くことはない。

また、引戸の開閉は、車側表示灯と運転席の戸閉め表示灯で確認し、閉めが確認できない時は再開閉操作をする。

車側表示灯は、各車両の左右外部の窓上1ヵ所に設けてある赤色灯である。この赤色ランプが点灯している時は、ドアが開いていることをホーム上や、遠方からでも確認することができる。編成車両のすべての車側表示灯が消灯すると、車両は走行できる状態にあることになる。

運転士知らせ灯は、運転台の操作盤（計器台）上部に設けた白色（または緑色）ランプである（22ページ口絵参照）。このランプが点灯しているときは、上記のように編成車両のすべての車側表示灯が消灯し、車両は走行できる状態にあることを運転士が確認できる仕組みである。

4-3 妻引戸の仕組み

◆妻引戸の廃止と復活

車両間の通路（貫通路）にあるドアを妻引戸という。通勤電車では、妻引戸がなく貫通路が開放されている車両と、引戸で締め切っている車両とがある。

じつは一時期、乗客の利便を考慮して、妻引戸のない車両が造られた。しかし韓国の地下鉄で起きた車両放火事件（87ページ参照）を分析したところ、火災による熱風や有毒ガスが、開放状態の貫通路から隣の車両に次々と流れ込み、列車全部の内装材が延焼し、有毒ガスによって多数の乗客が死亡したことが分かった。

日本ではこれを教訓として、以後、新造する車両の貫通路は、妻引戸で常時締め切るようになった。

ところが火災で隣の車に避難しようとすると、妻引戸は逆に障害物になってしまう。その兼ね合いで、妻引戸は車両端の一

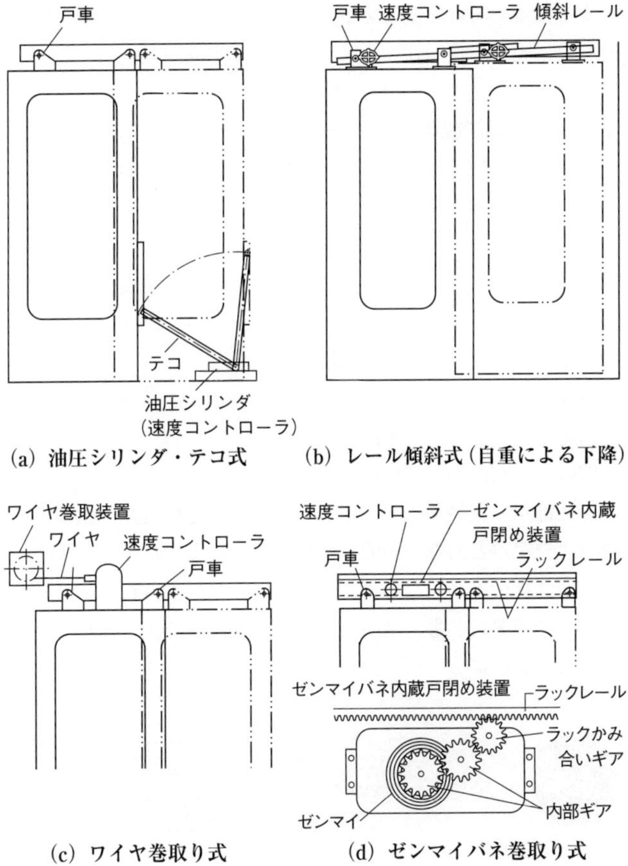

図4-5　妻引戸の仕組み

方にあれば、他方の貫通路は開放されていてもよいことになっている。

ただし妻引戸は、走行騒音が貫通路から室内に入らないようにする役割もある。そこでトンネル内の騒音が大きい地下鉄車両では、両端の貫通路ともに設けている車両が多い。

◆妻引戸の開閉機構

妻引戸は、開け放したままにしておいても、自動的にゆっくり閉まる仕組みになっている（前ページ図4－5）。

通勤電車では引戸を閉める構造は、

①開く力でドアシリンダに蓄えた圧力を使う（同図a）

②傾斜したドアレールに沿って上昇した引戸が、自重でレールを下がりながら閉まる（同図b）

③巻き尺の戻しバネと同様の引っ張りバネで、常時閉める方向に力を加えておく（同図c／d）

などの方法が使われている。

また近年、貫通路の開口寸法を車椅子で通れる大きさにするため、側引戸と同様に両開きが導入されるようになってきた。バリアフリーが目的なので、両開きの妻引戸は自動ドアになっている。開閉速度も、側引戸と同様、段階的に変化させて、事故のないようにしている。

4-4 窓の仕組み

◆窓ガラスの構成

窓ガラスや側引戸のガラスは、事故などで破損した時に乗客がけがをしないよう、鉄道車両用安全ガラスが使われている。この安全ガラスは、強化ガラス、合わせガラス及び複層ガラスの3種類ある。

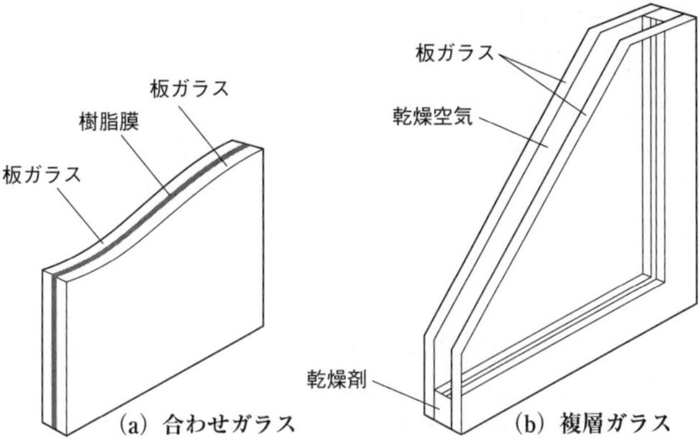

図4-6　窓ガラスの構造

強化ガラスは、板ガラスを熱処理して表面に強い圧縮応力層を作ってある。割れるとクモの巣状のひび割れが全面に広がり、破片は小さなサイコロ状になって砕け落ちる。

合わせガラスは、2枚のガラスを樹脂膜で接着してある。片側のガラスにひびが入っても、破片は樹脂膜にくっついたままで落下しない（図4－6a）。

複層ガラスは、2枚のガラスの間に乾燥空気を封入してある（同図b）。この方式は断熱効果が大きく、空調効果も高まるので省エネにもつながる。

側引戸のガラスも、複層ガラスを採用して結露を防止する車両がある。同時に、側引戸内側のガラス取り付け部分の段差をなくすことで、引戸が開くときに指などが引き込まれないように工夫している車両もある。

◆グリーンガラス

最近の車両では、透明ガラスに比べて可視光線や日射、紫外線の透過率の低い色ガラス（グリーンガラス）が用いられている。直射日光の中から、暑さを感じる可視光線と日射の透過量を半分から3分の1にするものや、紫外線透過量を格段に小さくするものがある（表4-1）。

分類（ガラス色）＼透過率（%）		可視光線	日射	紫外線
高熱線遮蔽ガラスA	（グレー）	44	43	43
高熱線遮蔽ガラスB	（グリーン）	45	24	5
高熱線遮蔽ガラスC	（グリーン）	29	19	5
グリーン色UVカット	（グリーン）	71	42	7
透明ガラス	（透明）	89	82	57

（ガラス板厚/5mm）

表4-1　ガラスの透過特性

この削減効果とガラスの色とを利用して、カーテン類を設けない車両がある。

ただし、常に車両の同じ側に日光が当たる路線では、着席している乗客から首筋が暑い、新聞が読みにくい、などでカーテンがほしいという要望が出されることもある。

◆窓のフリーストップ

一頃、窓が開かない通勤車両も走っていた。エアコンの進歩や上記のグリーンガラスの採用で、安全面やエアコンの効果から、開けないほうが望ましいと考えられたからだ。しかし最近

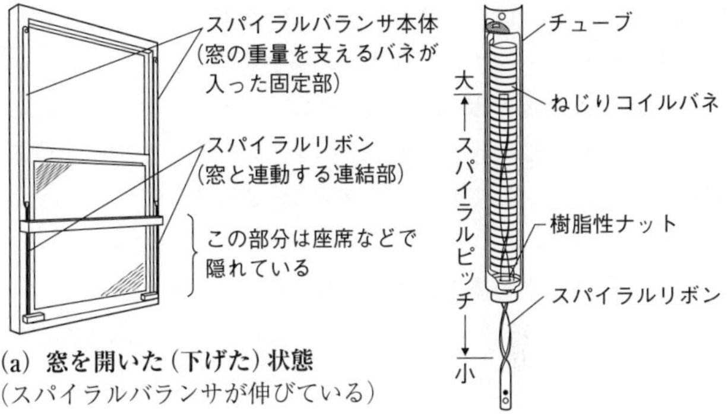

(a) **窓を開いた（下げた）状態**
（スパイラルバランサが伸びている）

(b) **スパイラルバランサイメージ図**

図4-7　窓のフリーストップ機構

の通勤電車では、故障で止まり空調が切れた状態で長時間乗客が閉じ込められた事故の教訓から、一部の窓は開閉不能でも、必ず開閉できる窓が設けられている。

近年の大形の窓ガラスや複層ガラスでは、その重さが20kgを超える。ところが、その重さを感じずに片手で上下に開閉でき、しかもどの位置にも止めることができる。

その秘密は、窓の下部または両側に組み込んだバランサにある。バランサの引張力が、窓の重さにつり合うようになっているのだ。そのメカニズムの一例として、スパイラルバランサを図4－7で説明しよう。

この仕組みは、電気式ドアエンジンにおけるボールねじ装置に似ている。違いはボールねじを回転させず、軸方向に移動させること。するとかみ合っているボールナットが回転する。

窓のバランサでは、ボールねじの溝に代わって、ねじった厚板のリボン（スパイラルリボン）がある。リボンにかみ合った樹脂製ナットは、ねじりコイルバネにつながれている。

窓を下げると、スパイラルリボンが下降する。するとかみ合ったナットは回転させられ、ねじりコイルバネをねじる。このコイルバネのねじり抵抗力が、スパイラルリボンを引き上げる方向に作用して、窓の重さにバランスするのだ。

◆がたつき防止と位置を保つブラシ

走行中にガタつき音がしないよう、窓の両側の案内溝にはモケット（ブラシ状の仕組み）が取り付けてある（図4－8）。

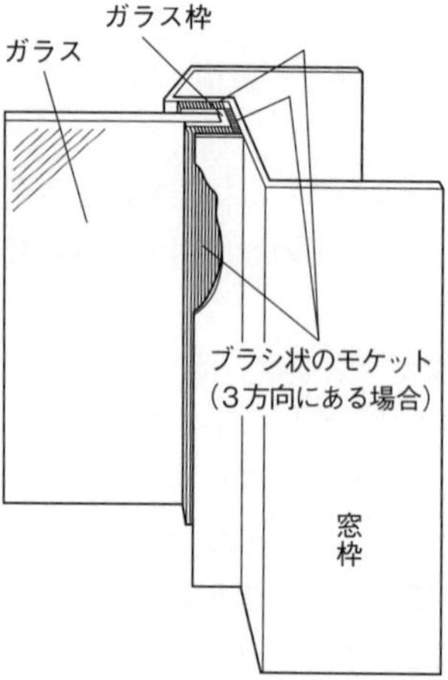

図4-8　窓枠の案内保持方法

窓を開閉する時には、案内溝をブラシがこすりながら移動するため抵抗が生まれる。そこで、手の力を抜くと窓はその位置で停止する。

ただし経年劣化でブラシの腰が弱くなると、走行中の振動によって、止めた位置からずれることがある。

第5章

電車の中の電気の流れ

写真提供／東京急行電鉄（株）

5-1 電気を受け取るパンタグラフ

◆電気の出入口

　電車は文字通り電気をエネルギー源としている。その電気は、屋根上に取り付けられているパンタグラフが、走行しながら架線（トロリー線）に接触していることで取り込む。パンタグラフとその関連機器を集電装置という。

　架線に流す電気には交流電気、直流電気どちらも用いられているが、大都市圏の通勤電車では直流が主流になっている。それは、鉄道ではスタート時の力が大きい直流モータが好都合で、当初から架線にも車両で変換のいらない直流を流す方式が大都市圏を中心にまず普及した歴史があるからである。

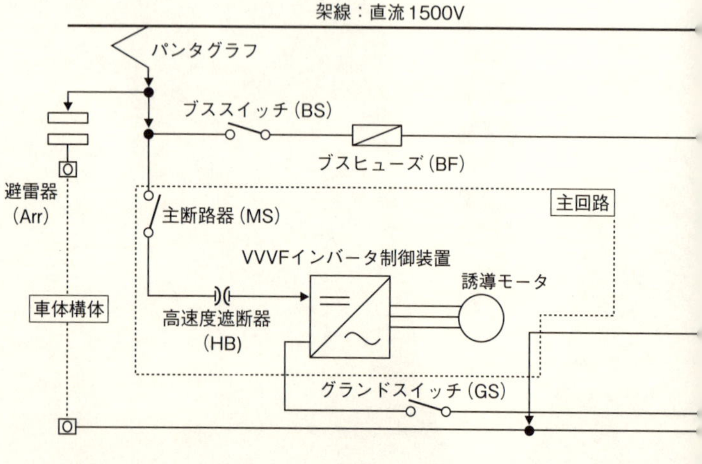

図5-1　電車の電気の流れ（小田急4000形の例）

図5-1は、鉄道変電所から送られてきた直流電気を、電車が取り入れ、モータを回し、さまざまな電気装置を働かせ、変電所に返すまでの流れの一例である。

電力会社の発電所からの6万6000Vないし2万2000Vの交流電気を、鉄道会社の変電所で直流1500Vへ変換し、架線に流す。架線からパンタグラフで車両に取り込まれた電気は、主断路器、高速度遮断器を通り、車両の駆動源であるモータをコントロールするVVVFインバータ制御装置へと流れる。そこで直流が適切な電圧・周波数の交流に変換され、モータに供給される。

架線からの直流電気は補助回路にも流れ、静止形変換装置（SIV）で交流に変換したり電圧を変えたりして、空調装置などモータ以外の電気装置に用いられる。

こうして役目を終えた電気は、接地装置から車輪を伝わって

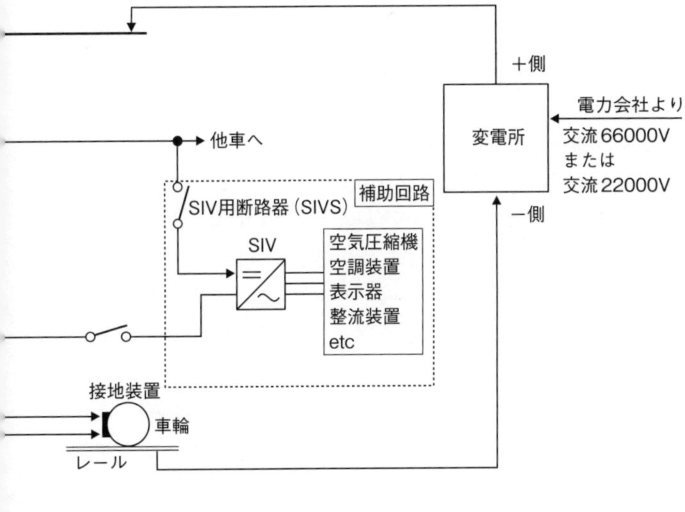

レールに流れ、変電所へと戻っていく。レールには車両をガイドするだけではなく、電気の流れ道としての重要な役割もあるのだ。

◆パンタグラフの構造

図5-1の流れに沿って、いくつかの機器を説明しよう。まずパンタグラフである。

一昔前までパンタグラフは菱形が一般的だったが、近年は、部品点数が少なく軽量で着雪面積が少なく雪に強いなど、利点の多いシングルアームパンタグラフが主流になっている。菱形に比べて、部品点数は半分以下の70点程度、質量も40kgほど軽くなり110kg程度である。

シングルアームのパンタグラフは、菱形とは異なり前後非対称である。このため高速領域では、空気揚力（空気的な上下方向力）や風切り音などの騒音が問題になる。実際、新幹線のシングルアームパンタグラフでは、これらの課題のための対策が施されている。

しかし、時速120km程度までは空気揚力や騒音はさほどではなく、通勤車両では問題なく使用できる。

シングルアームパンタグラフの構造を図5-2に示す。

支持枠①に主軸②を介して下枠③が、下枠には上枠④が、上枠には集電舟⑤が、それぞれ回転できるように取り付けられている。支持枠と上枠間をつり合いリンク⑥が、下枠と集電舟間を舟支えリンク⑦が結んで形を保っている。集電舟の最上部には架線と接触するすり板⑧が取り付けられている。

電気は、すり板⑧→集電舟⑤→シャント⑨→上枠④→シャント⑩→下枠③を経由して断路器へと流れていく。シャントは電気が回転軸に流れて不具合が起こらないように、回転軸をバイ

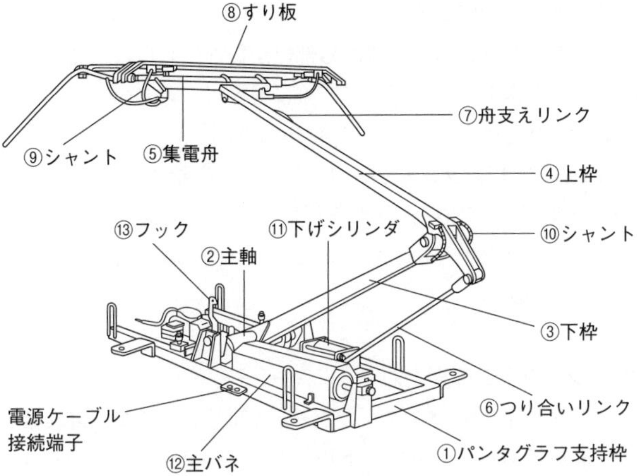

図5-2　シングルアームパンタグラフ

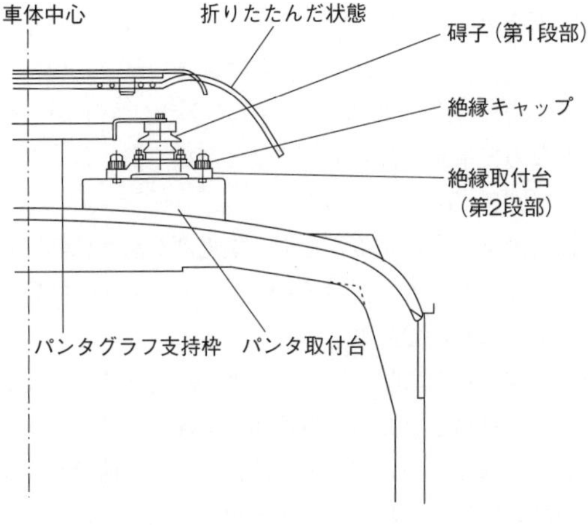

図5-3　パンタグラフの二重絶縁方法

パスさせる電線である。

パンタグラフは電気が流れる部位がむき出しになっている。そのため絶縁取付台と碍子《がいし》で二重に絶縁（二重絶縁）され、屋根上に取り付けられている（前ページ図5－3)。

なおパンタグラフ以外のヒューズ、遮断器、抵抗器など600Vを超える高電圧が加わる機器も、万一、絶縁が破れた場合に車体に高電圧がかからないよう、やはり取り付け部分を二重絶縁してある。

◆パンタグラフの押上力

シングルアームパンタグラフは、4節リンクを2つ組み合わせた構造である。支持枠・下枠・上枠・つり合いリンクの4つをそれぞれ回転軸でつないだのが1つ目の4節リンク、下枠・上枠・集電舟・舟支えリンクを回転軸でつないだのが2つ目の4節リンクである。

下枠の下端を主バネ⑫で引くことで、すり板をトロリー線に押し付けている（図5－4)。押上力は6kgf（59N）程度でほぼ一定しており、架線が低くなりパンタグラフが下がった時にも、過大な力で架線を押し上げることがなく、スムースな集電ができる（図5－5)。

この押上力を一定にすることや、集電舟が前後に傾いたりせず常に垂直を保ちながら動けるのは、4節リンクの性質をうまく利用しているからである。

架線は一定の高さに張られているように見えるが、実際には立体交差の道路高さなど地上構造物や架線のつり方の影響で高低差がある。間隔の長い高低差には、主バネが伸縮してすり板が架線の高低に追従するが、間隔の短い凹凸には対応しきれない。そこですり板部と集電舟の間にもバネを入れて、すり板だ

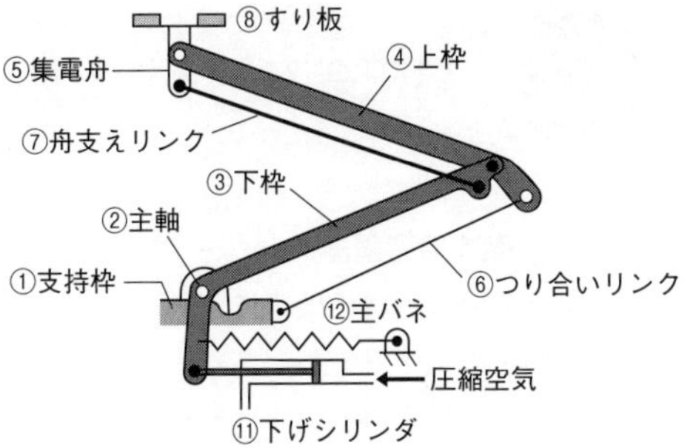

図5-4
シングルアーム
パンタグラフの
押上メカニズム

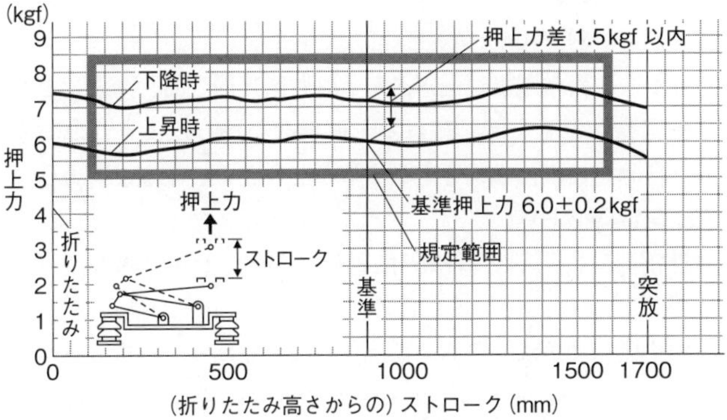

図5-5　パンタグラフの押上力特性

けで身軽に追従できるようにしている。

パンタグラフは、一日の走行を終えた後はいったん畳まれ、次の日の朝の走行前に再び上昇させて集電を始める。

畳むには、圧縮空気を下げシリンダ⑪へ入れ、主バネ⑫の復元力よりも大きな力で押して、主軸②を逆回転させることで下枠③、上枠④を畳む。畳みきったところで集電舟の天井管をフック⑬に引っ掛ける。上げる際には、このフックを電気の力で外し、主バネの力で上昇させる。

5-2 高圧電流が流れる主回路

◆裏方に徹する避雷器

直接あるいは近隣の架線に落ちた雷の影響で、車両内の高圧回路機器を破損する怖れがある。

このような異常事態にすばやく反応し、異常電気をモータなどの主回路には流さず、直接、大地へ流すことで危機を回避するのが避雷器（Arr：Arrester）である。

しかも、異常電気が過ぎ去ると直ちに復帰させ、今までどおり主回路に電気を流し続ける。何事もなかったようにふるまい、自分の仕事の成果を主張することもない。謙虚な裏方仕事人が避雷器である。

避雷器は、陶製容器に酸化亜鉛（ZnO）素子と除湿剤（シリカゲル）が入っているだけの、非常にシンプルな構造である。

酸化亜鉛素子は、普通の抵抗体とは異なり電圧－抵抗特性が一定ではない。通常電圧の1500V領域では絶縁体に近い抵抗値で電気を通さない。しかし落雷などによる異常な高電圧領域

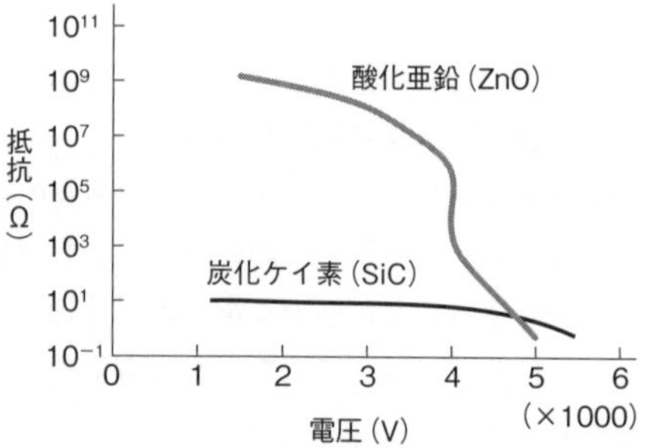

図5-6
素子の電圧－抵抗特性

(約4000V以上)では、抵抗が一気に小さくなって電気を通す(図5-6)。炭化ケイ素(SiC)と空隙(ギャップ)を組み合わせた一世代前の避雷器に比べ、まさに避雷器には理想的な特性で、このため前述のシンプルな構成が可能になっている。

雷などで衝撃的な異常電圧がかかると、酸化亜鉛素子の抵抗が小さくなってその異常電流を通し、地上に流し去る。

こうして異常電圧がかからないようにすることで、主回路を守っている。

異常電流が流れ去った後は、酸化亜鉛素子にかかる電圧は通常の架線電圧になるので、その抵抗が大きくなって絶縁体となり、電気はまた主回路のほうへ流れるようになる。

避雷器は密閉型で、過大電流が流れたかどうかは外観からは分からない。そこで磁鋼片が避雷器外部に取り付けてある。

磁鋼片は大電流が流れると磁気が残る特殊な鋼片で、これによって過大電流が流れたかどうかが確認できる。沿線で落雷があった場合には、その周辺で運行していた電車すべての磁鋼片を点検し、車両の安全を確認している。

◆主断路器

断路器は、直流1500Vの高圧回路を確実に開放(遮断)する手動のスイッチをいう。断路器は一般的にはDS(Disconnecting Switch)とよばれるが、制御装置用の断路器はとくに主断路器(MS:Main disconnecting Switch)という。

MSは主に車両検査の際に使用する。1500Vの高電圧回路部分を点検する際には、MSを切って安全に作業する。また高圧機器の動作確認をする時には、まず低圧制御回路が正常に動くことを確認してから高圧をかける。そのために高圧回路だけを開放する必要があり、この場合にもMSを切る。

高圧機器が故障した際に、パンタグラフから集電した電気を強制的に切り離したい場合には、その機器に対応した断路器を切る。

◆高速度遮断器

断路器の次にあるのが高速度遮断器（HB：High speed circuit Breaker）だ。多量の電気を消費するVVVFインバータ制御装置やモータなどが故障し、過大な電流が流れる場合は、HBを切って電気回路から切り放し、変電所やモータ回路の機器に被害を及ぼさないようにしている。

HBは2000～2400A 以上の過大電流が流れると、数十ミリ秒程度で遮断する。家庭用の配電盤に置き換えると、メインのブレーカにあたり、近年は車両電源を入れた時にHBも「入」となり、異常に備えている。

図5－7にHBのメカニズムの概略を示す。

前後ハンドルの操作などでHBの「入」指令が出されると、直流100Vが動作用コイルに流れ（同図b①)、その磁界の働きで押棒が押し出されて、可動接点と固定接点が接触する（同図b②)。電気はプラス側から、主回路電線（パンタグラフ側）→固定接点→可動接点→主回路電線（VVVFインバータ制御装置側）と流れていく。これが通常の電気の流れである。

しかし過大電流が流れると、VVVFインバータ制御装置側に設けたトリップコイルの磁力が強くなる。するとトリップレバーが引き寄せられ、押棒を下へ引っ張ることにより（同図b③)、可動接点を押し付けられなくなるから、主回路が開放され、電気が遮断される。

交流とは異なり、直流は常に一方向へ電気が流れ続けているため、大電流が流れている時に遮断すると大きな火花（アー

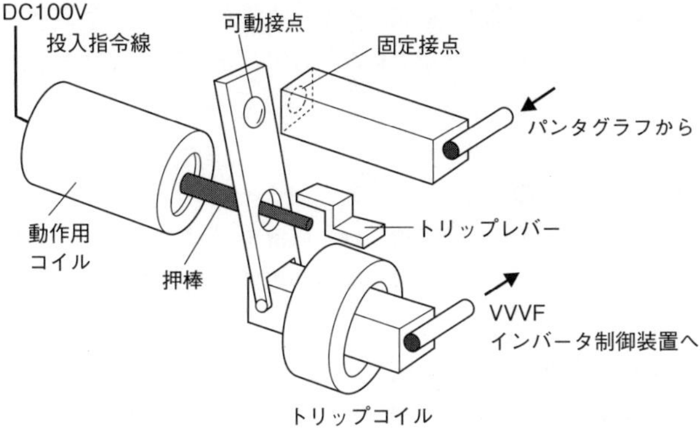
DC100V
投入指令線
可動接点
固定接点
パンタグラフから
動作用
コイル
押棒
トリップレバー
VVVF
インバータ制御装置へ
トリップコイル

(a)　高速度遮断器の構成

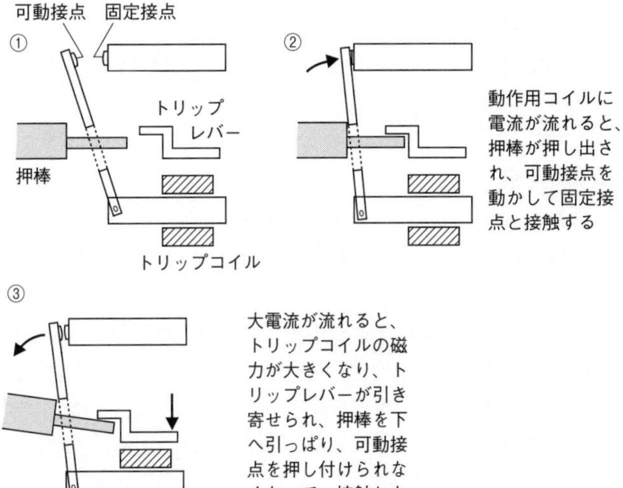
可動接点　固定接点
①
トリップ
レバー
押棒
トリップコイル
②
動作用コイルに
電流が流れると、
押棒が押し出さ
れ、可動接点を
動かして固定接
点と接触する
③
大電流が流れると、
トリップコイルの磁
力が大きくなり、ト
リップレバーが引き
寄せられ、押棒を下
へ引っぱり、可動接
点を押し付けられな
くなって、接触しな
くなる

(b)　高速度遮断器の動作原理

図5-7　高速度遮断器のメカニズム

ク）が発生し、接点を溶かしてしまうことがある。そこでアークを瞬時に吹き消す装置を取り付けて、安全に遮断できるように一工夫されている。

◆速度制御装置

インバータ（逆変換装置）は、直流を交流に変換する装置である。逆に交流を直流に変換する装置は整流装置あるいはコンバータ（順変換装置）という。

現在、電車のモータとして主に使われているのは、次の第6章で紹介する誘導モータである。誘導モータの速度制御には電圧と周波数が変化する（可変電圧可変周波数：Variable Voltage Variable Frequency：VVVF）交流を用いる。そのためにVVVFインバータ制御装置がある。

VVVFインバータ制御装置の原理については、第7章で詳しく述べる。

◆接地装置

架線から取り入れた電気は、車両内部でモータやその他の電気機器を駆動した後、接地装置→車軸→車輪を通ってレールに流れ、変電所に戻る。

車軸には集電環がはまっていて、その環の外周面に、歯車箱の端部に取り付けた接地装置箱の中で、通電ブロックを押し付けている。通電ブロックは回転している車軸に電気を流すブラシのようなもので、グランドカーボンとよんでいる（写真5-1／56ページ図2-3参照）。

接地装置は同じ箇所に通常2個取り付けてあり、一方は主回路電流を流す。他方は車体構体およびモータ外枠と結んでいて、アースの役割をもっている。とくに避雷器が動作して車体

写真提供／小田急電鉄㈱

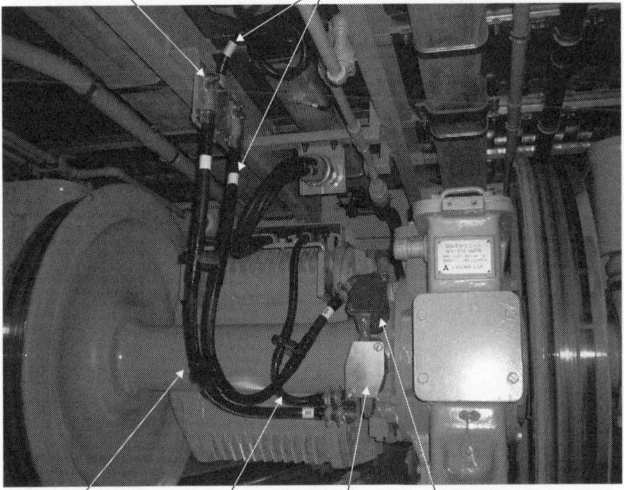

写真5-1　接地装置の取り付け状況

の構造体（車体構体）に高電圧が作用した時などには、電流の通り道となる。

わざわざ接地装置を使わなくても、鉄製の台車枠を通じて電気をレールに流してもよさそうだ。しかし車軸を支える軸受（ベアリング）は、電気が流れると劣化が進み、その影響で回転抵抗が大きくなってしまう。そのため軸受を通さない回路が必要なのである。

接地装置はVVVFインバータ制御装置と各車軸を単純に結線したものではない。もしも単純に結線すると、それぞれの線の長さが違ってしまう。

ところが変電所に戻る電気は、変電所に近い側の車軸に多く流れる傾向がある。電流が大きいと接地ブラシが摩耗しやすくなる。このため各車軸のブラシの摩耗量がばらつくことになり、保守の効率を悪くしてしまうのだ。

その対策として、共通端子台を設けている。そこから1両に4本ある車軸まで、それぞれの電線の長さが同じになるようにしている。これによって各接地装置を流れる電流を均等化させて、接地ブラシの減り方がばらつかないようにしているのだ。

5-3 低圧電流が流れる補助回路

◆ 補助電源装置

電車にはモータやブレーキ以外にもさまざまな機器や装置が不可欠だ。これらの機器や装置は、直流なら100Vまたは24V、交流なら440Vまたは200Vや100Vを使っている。直流1500Vを電源とする主回路（高圧回路）に対して、補助回路

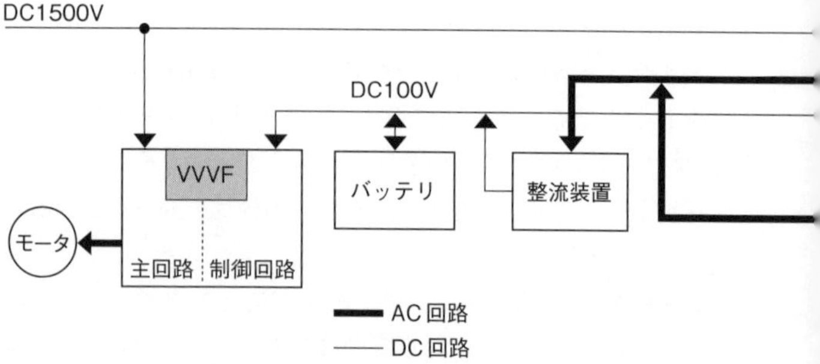

図5-8　補助電源装置システム図

（低圧回路）とよばれている。

補助回路の電源を作っているのが補助電源装置である。補助とはいうが、なくてはならない電源である。

また電源といっても最近では発電機は用いられていない。架線からの直流1500Vの電気を交流に変換している。そのために大容量半導体素子を採用した静止形変換装置（SIV：Static InVerter）が用いられている。

車両で必要な各種電源とSIV関連の全体システムを図5－8に示す。

SIVは架線からの直流1500Vを入力し、VVVFインバータ制御装置と同様に、スイッチング素子によって440Vや200Vの三相交流を出力する。電動コンプレッサや空調装置などはこの三相交流を使って動く。

三相交流は最大電圧となる時間が3分の1周期ずつずれている3つの相の電気が3本の線で送られる。

一方、客室内蛍光灯、腰掛下のヒータなどのサービス機器は単相交流なので、三相のいずれかの二相間に接続することになる。特定の相に容量の大きな機器が接続されると、他の相との

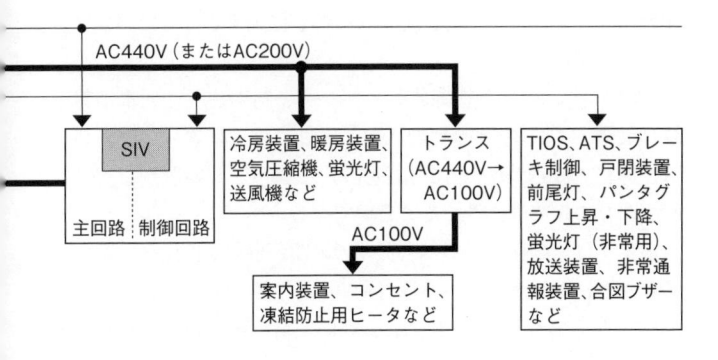

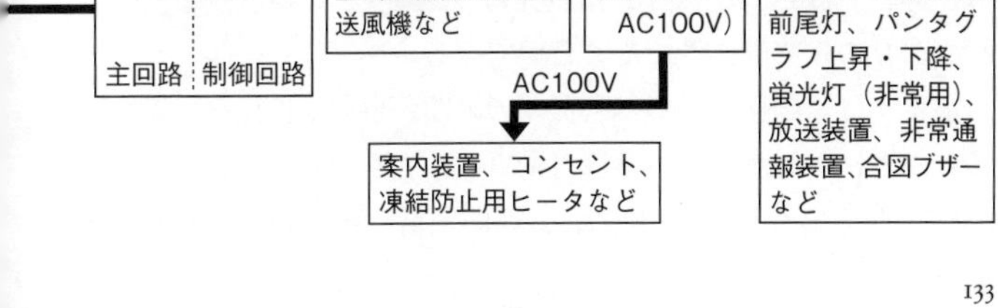

電力量がアンバランスになって、SIVの電力効率が低下してしまう。

そこで単相交流機器は、それぞれ3つのグループに分け、電力容量を均等にして各相に接続するようにしている。

さらにSIVが作る交流を、再度直流に変換する整流装置も設置している。整流装置では交流440Vや200Vから直流100Vや24Vを作る。これらの直流電源は次に述べるバッテリにも供給され、バッテリを充電する役目をしている。

◆バッテリ

電車にも自動車と同じくバッテリが搭載されている。基本的な役割は自動車と近い。架線が切れるなどして電気が絶たれSIVが動作しないような状況であっても、最低限の安全を維持するための重要機器・装置で主に使用される。

電車はパンタグラフを上げることで各機器に電源が供給されるが、そのパンタグラフを上げるときに必要な電源はバッテリである。自動車のバッテリがスタータモータを駆動させるのに相当する。

また自動車でエンジンが停止している場合と同様に、架線が切れるなどで停電しても、必要な機器が作動するようにバックアップしている。

VVVFインバータ制御装置、ブレーキ制御装置、列車情報管理装置、ATSなどの制御電源、尾灯や放送装置、戸閉め装置、連絡・放送装置、非常用蛍光灯（249ページ参照）などはバッテリのみで動作させることができる。

電車では、動作させるべき機器の範囲が自動車に比べて多いことから、バッテリの容量は自動車よりもかなり大きい。自動車は大きくても12V／100Ah（5時間定格）程度のバッテリが

写真5-2　バッテリ（ふたを開いた状態）

写真提供／小田急電鉄㈱

1台だが、小田急4000形の場合、10両編成の全体用に100V／105Ah（5時間定格）のバッテリを2台搭載している。定格とは、その時間その出力を維持できることをいう。

写真5-2は小田急4000形のバッテリで、8V単位のバッテリを直列に12個接続している。重さも、自動車用では大人が1人で持てる程度だが、電車では床下に格納するための鉄製フレームを含めて200～300kgほどある。

また自動車では鉛蓄電池だが、電車のバッテリは、一般にアルカリ蓄電池（ニッケル・カドミウム蓄電池）を採用している。このバッテリは、繰り返し充放電できること、大きな電流を流せること、構造の強度を高められるなどの特徴がある。

◆電気連結器

途中駅で分割、併合などが行われない固定編成の通勤車両で

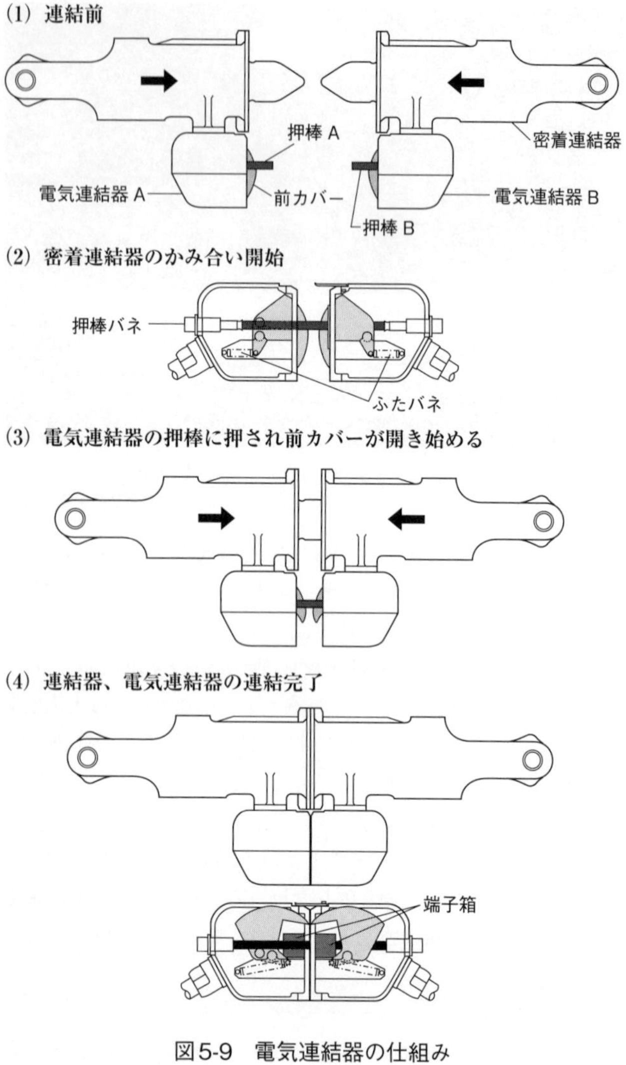

(1) 連結前

(2) 密着連結器のかみ合い開始

(3) 電気連結器の押棒に押され前カバーが開き始める
(4) 連結器、電気連結器の連結完了

図5-9　電気連結器の仕組み

は、車両間はメンテナンス時のみに切り離す半永久連結器（棒連結器）でつながれている。その場合には、車両間の高圧配線、低圧配線、各種指令配線はケーブル（ジャンパ線）で接続されている。

分割・併合が行われる場合には、切り離す車両間は密着連結器と一体になった電気連結器で指令線が接続されている（図5－9）。

ただし、その電気回路の接点部分はめったに見られない。連結している時はもちろん、連結していない時も、雨水やゴミなどから保護するカバーで覆われているからだ。

電気連結器は、一般の産業用機器でも使われているが、それらは通常、屋内または機器箱の中に設置してある。しかし車両用の電気連結器は、これらに比べて振動、外気温の変化、降雪、降雨、ホコリ、電源の不安定性など使用条件が厳しくなっている。

また、一般産業用の電気連結器の接点は、受け側の穴に栓側のピンを挿入することで回路をつなげる。しかし電車の電気連結器は、密着連結器にボルト結合してある関係で多少の遊びがあるため、穴とピンの位置にずれを生じ、連結する時にピンが折れ曲がり、回路がつながらない。

このため電車の電気接点は、多少の位置ずれがあっても回路がつながるように、接点の先端が平面の接点と、わずかに球面の接点を、バネで押しつけて接触させている。

接触面は厳しい使用条件下でも錆びる心配がなく、接触抵抗も小さい銀や金でメッキしてある。そのメッキがはげた時か、連結回数が2万回になった時が交換の目安とされている。

第6章

パワフルなモータの原理

写真提供／京浜急行電鉄（株）

6-1 主役は誘導モータ

◆ 電気モータの種類

電車を走らせるモータは、長年、直流モータの独壇場だった。しかし直流モータでは整流子、ブラシという摩擦・摩耗部分があって保守に手間がかかる、小型・軽量化や大出力化がむずかしいなどの課題があった。そこで30年程前から、それらの課題を解決できる交流モータに替わり始め、現在では新造電車はすべて交流モータである。

交流モータには整流子モータ、同期モータ、誘導モータがある。整流子モータは、直流モータと同様にブラシが必要になる。同期モータは、回転子を電磁石とするため、回転する電磁石に直流を供給する接触部（スリップリング）が残る。

これに対して誘導モータは、接触部がまったくない。ただしモータを制御する装置（インバータ）が大型になるのが欠点だった。しかしこの問題も、パワーエレクトロニクスの発展で解決され、現在、電車では誘導モータが主流となっている。

ちなみに同期モータも、回転子に強力な永久磁石を用いることが可能になり、弱点だったスリップリングが必要なくなっているので、最近は同期モータが使用される例もでてきた。

◆ 誘導モータの回転の仕組み

誘導モータの回転の原理を図6－1で見ていこう。

同図aのように2つの磁石のN極とS極の間に、電線を四角にまげて回転軸をつけたコイル（回転子）をおく。この時、N極からS極へ磁力線が生じている（同図b）。

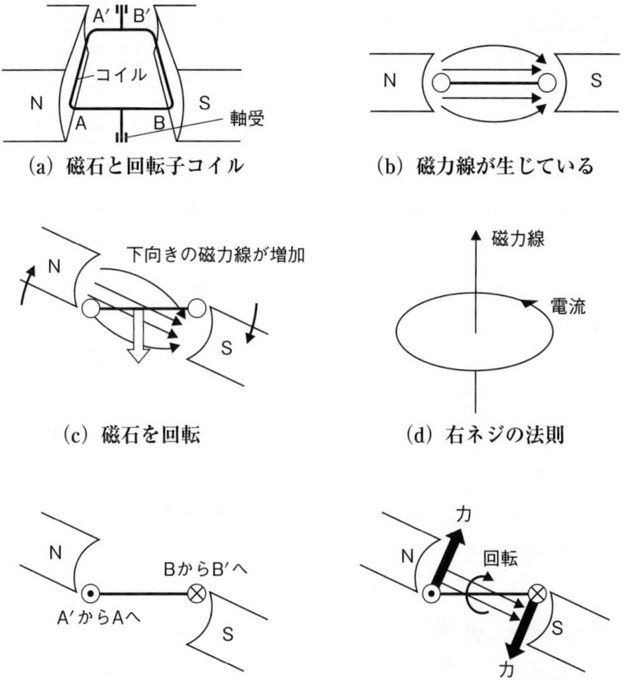

(a) 磁石と回転子コイル　(b) 磁力線が生じている
(c) 磁石を回転　(d) 右ネジの法則
(e) 誘導電流が流れる　(f) 力が発生してコイルが回転する

図6-1　誘導モータの回転原理

磁石を時計方向に回転させていくと、初めは回転子に平行だったN極からS極へ向かう磁力線が、徐々に回転子に対する角度が大きくなって、より多くの磁力線がコイルを下向きに通り抜けるようになる（同図c）。

電気が流れると、電流の方向へ右ネジを回した時にネジの進む方向の磁力線が発生する（同図d：右ネジの法則）。

増える下向きの磁力線に対して、やはり右ネジの法則に従い、それを打ち消す上向き方向の磁力線が生じる矢印の方向の電流が、回転子の電線に誘導されて流れる（同図e）。このため誘導モータといわれるのである。

磁力線の中にある回転子に誘導電流が流れると、同図fの矢印の方向に力が発生し、回転子が回り始める。

磁力線が回転し続けると、それに引っ張られるように回転子が回り続ける。磁力線が速く回れば回るほど、回転子も速く回ることになる。この回転力の大きさは、回転子に生じた誘導電流と磁力線の強さ（磁束）に比例する。

また誘導モータでは、磁力線が回転すること（回転磁界）で電流が生じて回転子が回るので、必ず回転磁界のほうが速く回る。この回転磁界と回転子の回転数の差を滑り、その周波数を滑り周波数という。滑り周波数は数Hz程度の値である。

168ページで述べるように、滑り周波数はモータの制御に重要な役割を果たしている。

◆誘導モータの構造

三相交流の誘導モータは、回転磁界を作る固定子と、その回転磁界によって回る回転子から構成されている。1回転中にN極・S極の組み合わせが1組ある場合を2極モータ、2組ある場合を4極モータという。

電車には4極か6極モータが使われるが、以下では構造がもっとも簡単な2極モータで説明する（図6－2）。

固定子（ステータ）はリング状の薄いケイ素鋼の積層板に固定子コイルを付け、固定子枠に組み込んである。薄いケイ素鋼板を重ねているのは、渦電流という損失になる電流を減らして、強い磁石を作るためである。

3個の固定子コイルには、それぞれ三相交流のU、V、W相

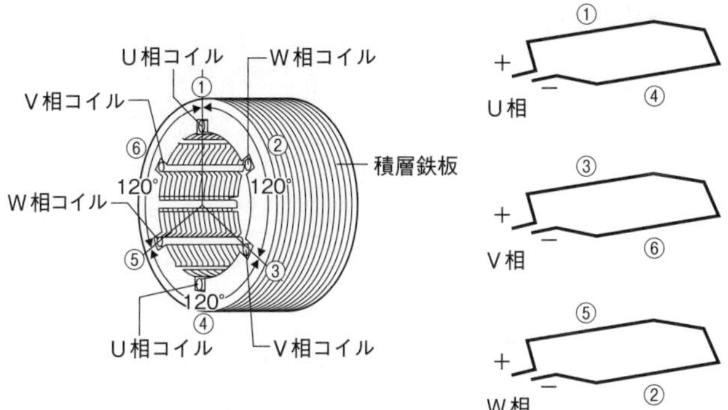

(a) 固定子(ステータ)

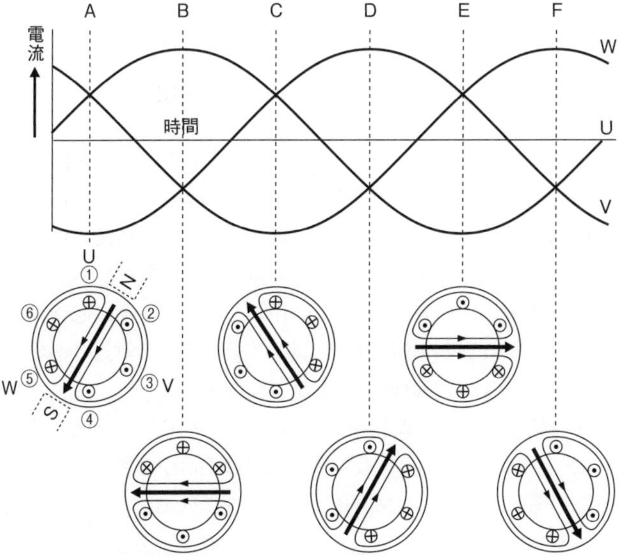

(b) 固定子(ステータ)の作る回転磁界

図6-2　固定子（ステータ）の構成（2極6溝の場合）

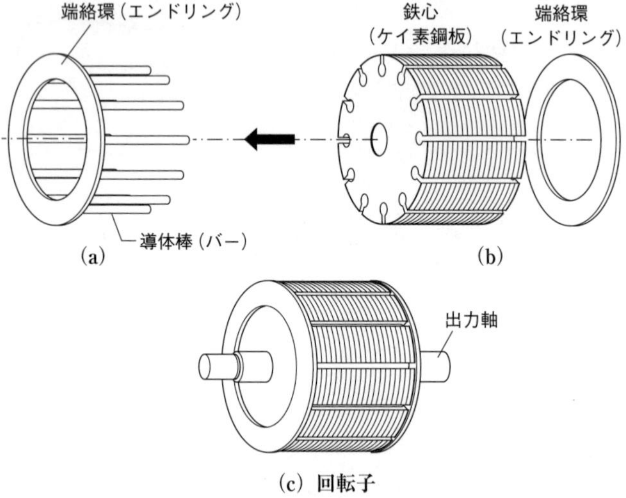

図6-3　回転子（ロータ）の構成

の電気が供給される。たとえばU相コイルの辺①と④は固定子の溝①と④にそれぞれ埋め込まれる（同図a）。

同図bは、三相交流の各瞬間に固定子コイルの各辺に流れている電流の向きを示している。⊗は手前から奥へ、⊙が奥から手前を表している。各相の電圧がプラスの場合、電気は辺①、③、⑤の3辺では手前から奥へ、それぞれの対辺である辺④、⑥、②の3辺では奥から手前へ流れる。

Aの状態ではU・W相がプラスなので辺①、⑤では手前から奥へ、V相はマイナスなので辺⑥では手前から奥へ電気が流れている。それぞれの反対辺④、②、③では奥から手前へ電気が流れている。

これらの電流で右ネジ方向の磁力線が生じるから、図に示すようなN、S極方向の磁石ができる。Aの状態からB→C→D

と進んでいくと、この磁石が時計方向に回転していくことになり、その結果、回転磁界が生まれる。

この構成を2極6溝（コイルを埋める溝の数）という。溝を2倍にした2極12溝として、各相のコイルを1巻きではなく2巻きとすれば、モータはより大きな力を出すことができる。

固定子にはめ込まれる回転子（ロータ）の構造は単純で、銅または黄銅製の導体棒の端を円形の導体の環でつなげたカゴ形をしている（図6－3a）。さらに、回転磁界で誘導される電流ができるだけ大きくなるように、固定子と同様に、薄いケイ素鋼板が重ねて挿入されている（同図b）。このカゴ形回転子には外部からは電気を供給する必要がない。

誘導モータは、直流モータと比べると構造はいたって簡素で頑丈だ。また、直流モータのような整流子・ブラシがないため、高速で回転させやすく、モータを小型軽量にできる。

◆モータの放熱・防音

小田急4000形の誘導モータ（写真6－1）は、6極54溝。強

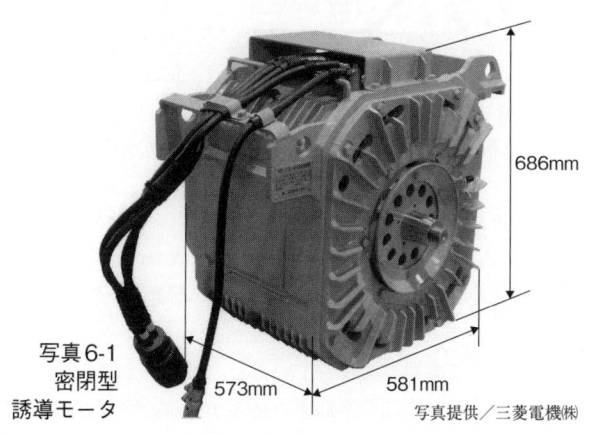

写真6-1
密閉型
誘導モータ

写真提供／三菱電機㈱

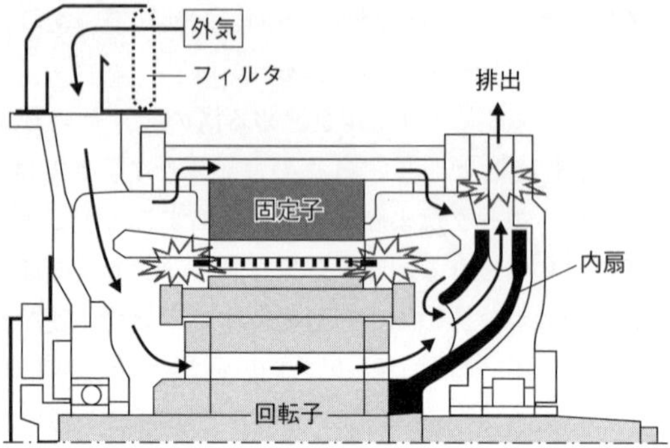

(a) 開放型の空冷法

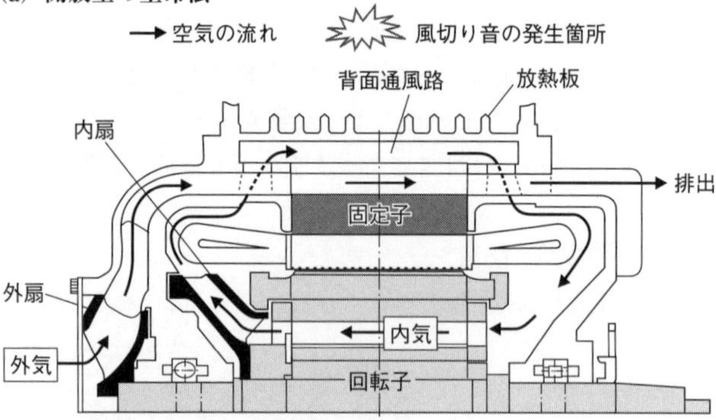

(b) 密閉型の空冷法

図6-4　モータの空冷方式（上半分の断面図）

い回転磁界を作り出すことができるので、190kWという高出力である。100km/hでの1分間の回転数（rpm）は、車輪の直径や歯車装置のギア比によって異なるが、一般的には4000～5000rpm程度になる。

このように高速で回転していると、軸受部や固定子が発熱するため、モータ内部を冷却する必要がある。冷却方法には開放型と密閉型がある。

開放型は、外気をモータ内部に取り込んで直接冷却する。温まった外気は回転子軸に取り付けた内扇の遠心力で押し出すが、その際に回転する回転子や内扇が発生する風切り音が漏れ、大きな騒音源となっている（図6－4a）。

これを解決したのが、4000形で使われている密閉型である。外部とは隔離され、内扇によって循環する内気がモータ内部を冷却し、その温まった空気を、回転子の回転子軸に取り付けた外扇が取り込む外気で冷却している（同図b）。

回転部分が外部と遮断されているので、回転音が外部へ漏れにくく、チリなども侵入しないので、低騒音、省メンテナンスのモータとなっている。

6-2 モータの性能

◆電車に働く抵抗力

モータの回転力は歯車を介して車輪に伝えられ、車輪がレールを蹴ることで電車を走らせる力（引張力《ひっぱりりょく》）が得られる。この引張力は、電車に働く抵抗力より大きくなければ電車は走れない。そこで、まず電車の抵抗力を見よう。

電車に働く全抵抗力は出発抵抗、走行抵抗、勾配抵抗の合計である。小田急4000形で想定されている全抵抗力と速度の関係を次ページ図6－5に示す。

4000形10両編成列車の空車質量は313t。乗客1人を55kgとして、定員（100％乗車）1504人の質量は83t、250％乗車3760人の質量は207tとなる。したがって乗客を含めて列車総

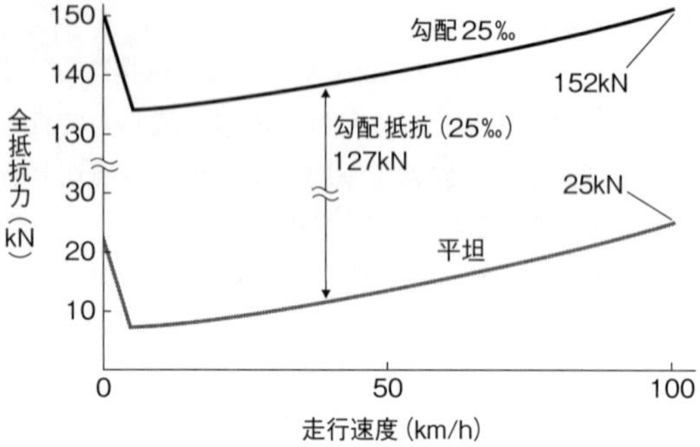

図6-5　電車の抵抗力（250%乗車／編成質量520t）

質量は100%乗車で396t、250%乗車で520tとなる。図6－5では250%乗車、編成質量520tとしている。

速度0で全抵抗力が大きいのは、軸受などが回り始める時の出発抵抗である。電車の場合は車両の重さ1tあたり3～5kgf（30～50N/t）程度になる。ただし出発抵抗は、速度が5km/h程度になると無視できる。

走行抵抗は、軸受や駆動歯車装置などの摩擦抵抗や速度の2乗で増大する空気抵抗などからなる。電車では走行速度50km/hで30N/t程度。自動車の100N/tと比較してかなり小さい。

図6－5には勾配0（平坦部）とならべて、勾配25‰（パーミル：千分率）での抵抗力も示す。両者の差が勾配25‰での勾配抵抗になる。鉄道では勾配を、1000m進んで登る高さで表す。たとえば25m登る場合は25‰という。

勾配抵抗は坂を登るための抵抗である。鉄道は鉄車輪で鉄レールの上を走行するので、走行抵抗が小さい反面、すべりやすく急な坂は登れない。勾配抵抗は他の抵抗に比べて一桁大きく、25‰の勾配抵抗は250N/tになる。ちなみに日本での最急勾配は、神奈川県の箱根登山鉄道の80‰（約5°）で、その勾配抵抗は800N/tにもなる。

図6－5では250％乗車の全抵抗力を示したが、100％乗車では、平坦部では5～21kN程度、25‰勾配では102～118kN程度である。すなわち平坦部では乗客数の差による抵抗の差はわずかなものである。

今まで見てきたのは直線での抵抗力で、急カーブではさらに曲線抵抗が加わる。急カーブを走る際に車輪フランジ（70ページ参照）がレールと接触して滑ることによる抵抗で、たとえば半径300mのカーブでは約2‰の勾配抵抗に相当する約20N/tになる。

◆電車のモータがさらされる苛酷な電圧変動

鉄道変電所は数kmごとに設けられている。いくら電気抵抗値の小さい架線といえども、変電所からkm単位で遠くなると、電車が受け取る電圧は低下してしまう。そのため、変電所からは標準電圧の1500Vより10～15％ほど高くして送り出している。

また、第8章で述べる回生ブレーキでは、電力が架線に戻されて電圧を上昇させる。最高電圧が高すぎると機器の絶縁が破壊されるなどの、低すぎると列車の速度が落ちるなどの問題が生じる。

このように電車のモータが受け取る電圧は、標準電圧に対して変動が大きく、一般的に最高電圧1800V、最低電圧1000Vとされている。これは工場内など電源環境の整った場所で使われるモータと比較して、きわめて厳しい条件である。

◆ モータ基本仕様の決定

モータの基本仕様の決定に際しては、用いることの多い走行速度の時の必要出力を最大出力とする。

ある速度で必要な引張力は、その速度での抵抗力と加速の余力の和である。この引張力と速度をかけ合わせると、その速度で必要なモータ出力（単位kW）の概略値が決まる。

またモータの設計の際には、通常走行時の他に、より過酷な状況も想定しなければならない。

たとえば一部のモータが故障して坂の途中で停車してしまった満員の電車を、残りのモータで走らさなければならない時。あるいは完全に動けなくなった電車を救援する時などである。

そのような場合にも、モータを含む関係する装置の能力ならびに動作時の温度上昇を、限度以内に抑えなければならない。

歯車での減速比、あるいは最高運転速度でのモータの回転数をいくつにするかなども重要である。

その他にもさまざまな状況を考慮して、モータの基本仕様が決まる。そして列車全体として必要な引張力を、いくつのモータで分担するかが、まず決められる。モータのある車をM車(Motor car)、モータのない車をT車（Trailer）とよび、M車とT車の比をMT比という。小田急4000形では6M4Tの編

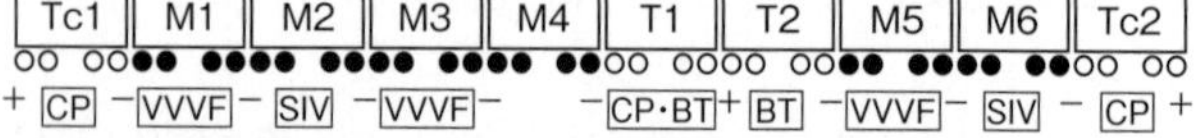

Tc：運転台付き付随車　M：モータ車　T：付随車

●：駆動軸　○：付随軸　－：半永久連結器　＋：密着連結器

VVVF：VVVFインバータ制御装置　SIV：補助電源装置　CP：空気圧縮機

BT：バッテリ

図6-6　列車編成例（小田急4000形）

成になっている（図6－6）。

なお鉄道用の主電動機やディーゼル機関車のエンジンは、日本では通常1時間定格で表している。それに対して自動車用のエンジン出力は、より短い時間に対する定格表示だ。したがって、表示した出力値だけで両者を比較するのは適切でない場合がある。

◆車両力行性能

車両力行性能（自動車カタログのエンジン性能に相当）の例として、小田急4000形の場合を図6－7に示す。力行《りっこう》とは鉄道

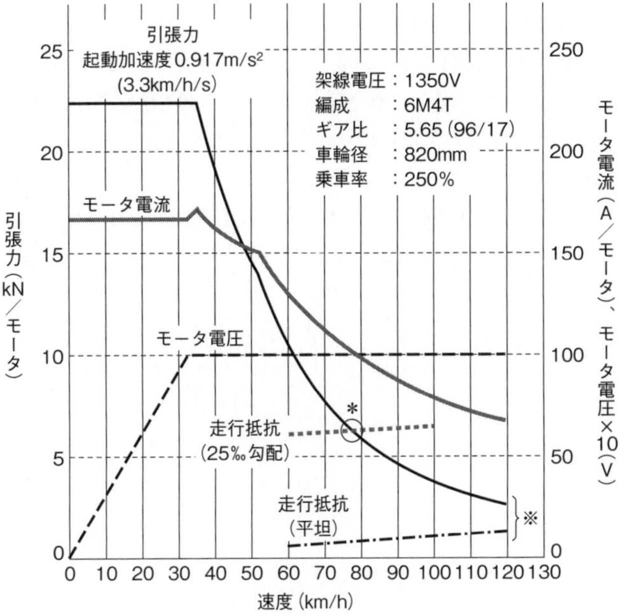

図6-7　車両力行性能

車両がモータなどの力で動くことをいう。

架線電圧は標準電圧1500Vの10％減の1350V、車輪直径は標準直径860mmの約5％減の820mm（使用できる車輪径範囲の中央値）、ギア比5.65（車輪回転数はモータ回転数の5.65分の1）、起動加速度は35km/hまで3.3km/h/s（1秒間に時速3.3kmずつの加速度＝0.917m/s^2）、乗車率は250％である。

引張力はモータ1個あたりの値で示されているので、10両編成（6M4T：モータ総数24個）の総引張力は、この値を24倍すればよい。トルクに直すには、車輪半径0.41（m）をかければよい。また、この図に同時に示した抵抗力も、148ページ図6－5に示した編成全体の全抵抗力をモータ総数24で割ったモータ1個あたりの値だ。

引張力の速度特性を見ると、低速域で最大で、35km/hから低下していき、図中の＊で示すように、勾配25‰では、速度78km/hで引張力と走行抵抗がつり合ってしまい、それ以上の加速はできなくなる。

一方、平坦な場所では最高速度120km/hでも、同図※で示すように、走行抵抗に比べてまだ加速する余裕（0.2km/h/s）がある。

第7章

巧妙なモータ制御法

写真提供／東京地下鉄（株）

7-1 マスコンによる運転操作

◆ 運転操作ハンドルの種類

男の子の憧れの的（？）の運転台は、たとえば口絵22～25ページで紹介したようになっている。

電車は線路に沿って走るのでステアリング・ホイール（いわゆるハンドル）は必要ないが、アクセルとブレーキに相当するハンドルがある。アクセルに相当する力行ハンドルと、制動に用いるブレーキハンドルだ。

かつては2つのハンドルが左右に装備され、左手で力行ハンドル、右手でブレーキハンドルを操作する方式（ツーハンドル）だった（写真7－1a）。しかし近年では、力行と制動の操作を合わせて行える一体型ハンドル（ワンハンドル）が主流となっている（同写真b／c）。

ワンハンドルを組み込んだ制御装置をワンハンドルマスコン、そのハンドルを主ハンドルとよんでいる。マスコンとはマスタコントローラ（Master Controller）の略語で主幹制御器ともいう。

◆ ワンハンドル操作の国際基準

ワンハンドルは前後にスライド操作する。手前に引くほど加速、前に押すほど減速、押し切ると非常ブレーキが動作する。

この操作方向が欧米と日本では逆になっている。それは両者の歴史的文化の違いに基づいている。

欧米では歴史的にウマが一般的な交通手段として活用されてきた。ウマを加速する場合は、体を前傾させ、手綱はゆるめ。

(a) ツーハンドル
写真提供／小田急電鉄㈱

(b) 左手ワンハンドル
写真提供／小田急電鉄㈱

(c) センタ(T形)ワンハンドル
写真提供／東京地下鉄㈱

写真7-1　主幹制御器ハンドル

そしてウマを止める場合は、逆に体を後傾させ、手綱を手前に引っ張る。

欧米の主ハンドル操作は、この乗馬での操作方法が踏襲された。すなわち、ワンハンドルを前方に押して加速し、手前に引いて減速するという操作である。

これに対して日本では、移動手段は徒歩に頼られ、乗馬は武芸の一つに限られてきた。そのためワンハンドルを採用するに当たって操作方向を検討する際に、乗馬の操作方向を発想することはなく、人間工学的な視点に基づいて検討された。

すなわち、座った姿勢で加速すれば、加速度によって体は後傾し、減速すれば前傾する。この体の傾きに応じて、手前に引いて加速し、前方に押して減速する方法が採用されたのだ。

鉄道は「異常時には止まる」という思想に基づいて設計されている。日本の操作方法は、たとえ運転士がブレーキ操作中に失神して体が前方に傾いても、ブレーキがゆるむことはないと考えられる。

近年、耐用年数の長い日本製のステンレス車やアルミ車が、海外へ譲渡されるケースが増えてきている。そうなると操作方向の異なる車両が同じ路線で運転されることになって、安全対策上問題がある。そこでISO（International Organization for Standardization：国際規格標準化機構）の規格審議の場で、ワンハンドルの操作方向についての日本の考え方を示したところ、各国から賛同が得られている。

◆ワンハンドルマスコンの運転手順

それでは実際に電車を走らせ、止める操作を追いながら、最新式のワンハンドルマスコンの仕組みを見よう（図7－1）。

運転士だけが持つことを許されているマスコンキーをキース

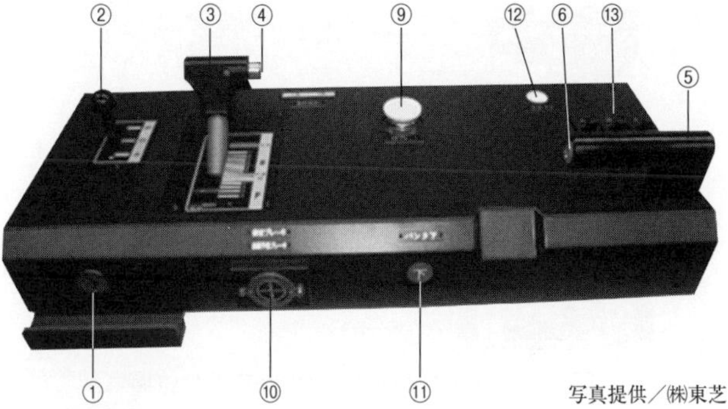

写真提供／㈱東芝

(a) **操作部外観**

①キースイッチ　②前後ハンドル　③主ハンドル　④力行ボタン　⑤手掛け　⑥勾配起動スイッチ　⑦ロータリーエンコーダ　⑧スターホイール　⑨EBリセットスイッチ　⑩保安（直通予備）ブレーキスイッチ　⑪パンタ下げスイッチ　⑫リセットスイッチ（ATS. VVVF. SIVなど）　⑬各種スイッチ（左から乗務員室灯、防曇ガラス、尾灯）

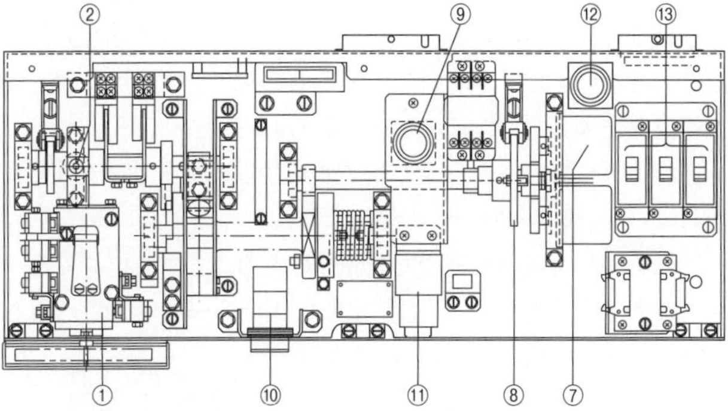

(b) **操作部内部概略**

図7-1　左手ワンハンドルマスコンの仕組み

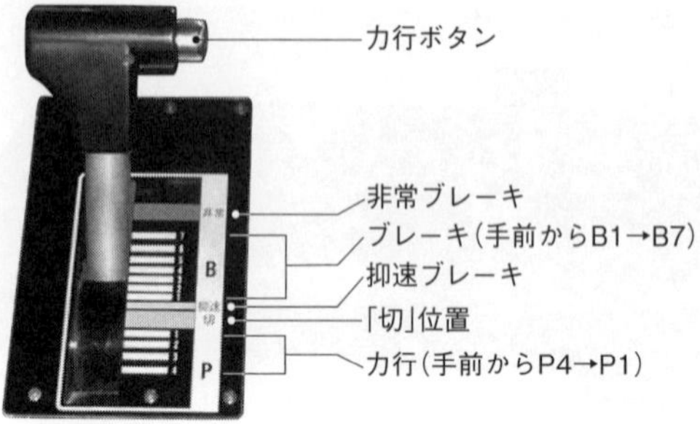

図7-2　マスコン主ハンドルの指令位置

イッチ①に入れる。マスコンキーを入れないと、前後ハンドル②も主ハンドル③も動かせない機械的構造になっている。

次に前後ハンドルを前進に設定する。前後ハンドルを操作しないと主ハンドルを動かすことはできない。

主ハンドルに付いている力行ボタン④を押しながら、主ハンドルを「切」位置から手前に引くと、力行指令「P1」となり電車は動き出す。力行ボタンを押さないと主ハンドルが力行位置に入らないのは、ブレーキをゆるめる操作をする際に誤って加速位置に入らないための配慮である。

速度上昇に応じさらに主ハンドルを手前に引きP2〜P4と加速していく（図7－2）。

運転士が気を失った際の安全確保のために、力行位置で主ハンドルから手を離すと、「切」または「ブレーキ」位置へ戻るオートリターン機構が備わっている。

ブレーキをかける時は、主ハンドルを「切」位置に戻し、さらに前に押していく。ブレーキ力は手前から前方向へ、抑速（下り勾配を速度一定となるように制御するブレーキ）→B1〜B7→非常ブレーキと強くなっていく。

2ハンドルの場合には、左手は力行ハンドル、右手はブレーキハンドルと、運転時の両手の定位置があった。しかし左手ワンハンドルは左手だけで扱うので、居心地が悪い右手をかける手掛け⑤が取り付けてある。

坂道発進時には、2ハンドルなら車両が下がらないように弱いブレーキをかけながら力行させることができるが、ワンハンドルではブレーキと力行を同時にはできない。そのため手掛け⑤に、勾配起動スイッチ⑥が取り付けられている。このスイッチを押したまま主ハンドルを手前に引いていくのである。

◆ マスコン指令の読み取り

各段階（ノッチ）のハンドル位置が、運転士の扱いによってばらつきがあっては困る。そこで外周にきざみをいれた円盤（スターホイール）⑧を用いて、確実に区分されたデジタル指令を出す工夫がなされている。このためハンドルを動かすと、1ノッチごとにカクン、カクンという手ごたえがある。

主ハンドルを動かした角度は、非接触式で検知できるロータリーエンコーダ⑦で読み取り、その角度信号を制御部へ伝え、制御部のマイコンで角度に対応する加減速信号に変換される。ロータリーエンコーダは、規則性を持って多数の穴を開けた円盤に光を当て、通過する光のパターンによって角度を検出する。約0.5°の分解能がある。

小田急4000形では、その信号はデジタル信号のまま、第10章で説明する列車情報管理装置へ送られる。そこからVVVFインバータ制御装置やブレーキ制御装置へ伝えられ、その指令により力行したり、ブレーキがかかったりする。

次に、こうして伝えられた制御指令で、どのようにモータがコントロールされるのかを見ていこう。

7-2 直流モータの速度制御法

◆抵抗制御と直並列制御

1881年に電車が誕生した当初から1980年代まで、直流モータが主流だった。直流モータの回転数は、モータにかける電圧（端子電圧）に比例する。そこで、端子電圧を上げることで回転数を増していく方法として、抵抗制御と直並列制御が使われてきた（図7－3a)。

たとえば4個のモータを4個直列に接続し、これらのモータ群に主抵抗器を直列につなぐ。電流を各抵抗を通さずバイパスさせるためのスイッチが設置されている（同図a)。

抵抗制御では、起動時にはすべてのスイッチS1からS4を切って、電流が全部の抵抗R1からR4を通るようにすることで電圧を下げておく。その後、スイッチを順次入れて抵抗を減らし（電圧を上げ）ていき、回転数を増していく。

また直並列制御では、4個のモータのつなぎ方を4個直列接続を2個直列が2並列の接続へと変えることで、モータの端子電圧を上げる。ただしこの図ではモータ4個を制御単位とした場合で説明したが、実際には2両のモータ8個（モータ端子電圧：1500V／4=375V）を単位とした直並列制御が広く用いられている。

これらの制御を組み合わせて速度制御を行うのである。

◆弱め界磁制御

抵抗制御と直並列制御で端子電圧を最大にした後は、直巻きモータの基本特性として、回転数の上昇とともに回転子（直流

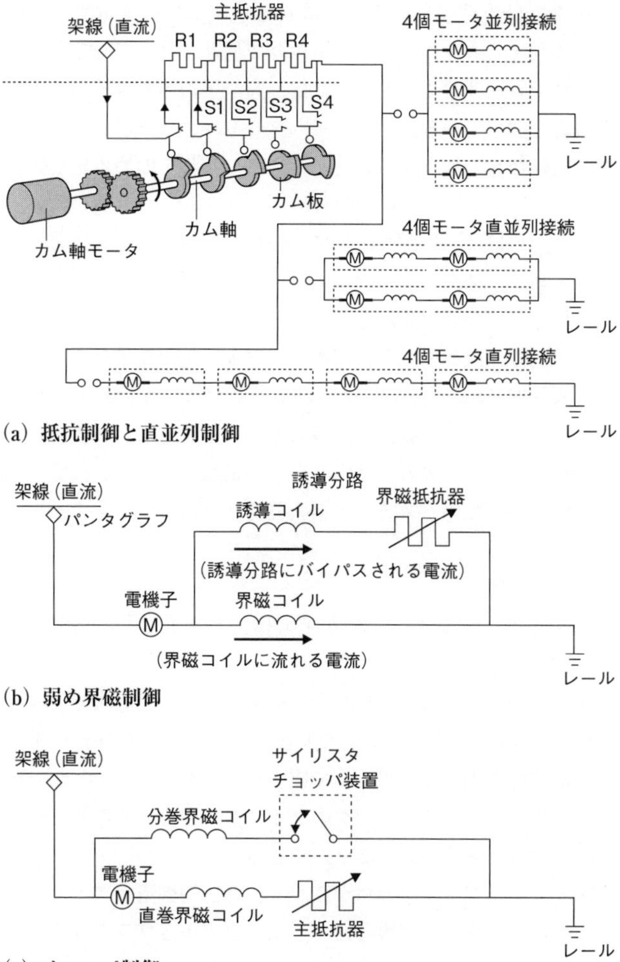
架線（直流）
主抵抗器
R1 R2 R3 R4
S1 S2 S3 S4
カム板
カム軸
カム軸モータ
4個モータ並列接続
レール
4個モータ直並列接続
レール
4個モータ直列接続
レール
(a) 抵抗制御と直並列制御
架線（直流）
パンタグラフ
誘導分路
誘導コイル
界磁抵抗器
（誘導分路にバイパスされる電流）
電機子
界磁コイル
（界磁コイルに流れる電流）
レール
(b) 弱め界磁制御
架線（直流）
サイリスタ
チョッパ装置
分巻界磁コイル
電機子
直巻界磁コイル
主抵抗器
レール

(c) チョッパ制御

図7-3　直流モータの速度制御法

モータでは電機子という）に流れる電流（モータ電流）が減り、それにともないトルクが減少して加速が鈍ってくる。

それでも加速していくためには、固定子の界磁コイルに流れる電流を弱めてやる。するとモータのトルクは下がるが、モータの回転数を増加させることができる。これを弱め界磁制御という。

そのためには、界磁コイルに並列のバイパスルートに導く電流を、バイパスルート中の界磁抵抗を減らしていくことで増やし、界磁コイル側に流れる電流を弱めていく（図7－3b）。

抵抗制御、直並列制御、弱め界磁制御に必要な多数のスイッチの入り切りは、運転席のハンドル操作によって回転するカム軸で行われる。カム軸には、各スイッチに対応した多数のカム板が付いている。カム板は中心からの距離が変化する板で、その外縁に接しているスイッチを入り切りする。

◆チョッパ制御

1960年代に開発されたのが半導体によるチョッパ制御である（同図c）。

チョッパ（chopper）とは「叩き切る」という意味で、直流を高速で「叩き切る」ように入り切り（スイッチング）すると、単位時間あたりの平均値で電圧・電流を下げることができる。すなわち、スイッチングのタイミングを変えることで、任意の直流電圧を作りだすことができる。

スイッチングには半導体が使われ、抵抗制御用のスイッチがいらない無接点化が実現した。しかし整流子とブラシは残り、モータの保守作業はほとんど変わらなかった。

そして1980年代に入ると、チョッパ制御を応用・発展させたVVVFインバータ制御が開発された。これは制御技術の革命ともいえるもので、モータが直流から交流へ替わり、省エネ・省メンテナンス・車両の高加減速化が実現し、今日では電車の制御方式の主流になっている。

次にこのVVVFインバータ制御を見ていく。

7-3　交流モータの速度制御法

◆VVVFインバータ制御

現在、電車のモータとして主に使われているのは、前述の誘導モータである。誘導モータの速度制御には電圧と周波数が変化する交流（VVVF：130ページ参照）を用いる。

そのVVVF交流は、架線から取り込んだ1500Vの直流電気

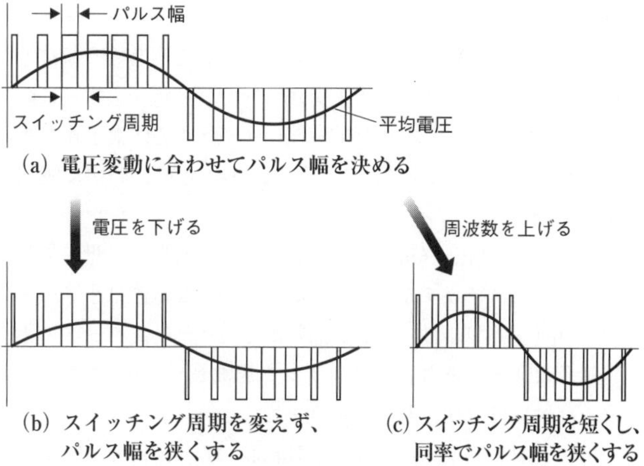

(a) 電圧変動に合わせてパルス幅を決める

図7-4　パルス幅変調（PWM）制御の原理

をVVVFインバータ制御装置（以下「VVVFインバータ」と記す）で変換して生み出す。これにはPWM（Pulse Width Modulation：パルス幅変調）制御が用いられる。

パルスとは「櫛の歯の形」で、パルス幅変調とは、パルスを適当な幅や間隔に変化させるということである。

直流は一定の電圧が続くのに対して、交流は時間とともに、正弦波に沿うように電圧が変化する。しかし直流を櫛の歯のように区切り、その幅とスイッチング周期を調節し、そのパルス列の時間的平均を細かくとっていくと、正弦波に近い交流波となる（前ページ図7‐4a）。

スイッチング周期は変えず、パルス幅を狭くすると、周波数が同じで低電圧の交流を作り出せる（同図b）。またスイッチング周期を短くするとともに、パルス幅を同じ割合で狭くすると、作り出す交流の周波数を上げることができる（同図c）。

◆半導体によるスイッチング

このようなスイッチングは、毎秒数十〜数百回という超高速になる。そんな高速スイッチングが可能で、高電圧大電流に耐えられるGTOサイリスタやIGBTといった半導体素子が登場して、小型軽量のVVVFインバータが実現して、一挙に実用化が進んだ。

GTO（Gate Turn Off）サイリスタは、一時期、一世を風靡《ふうび》した。しかしスイッチをONにするのに必要な電流は小さいものの、OFFにする時に必要な電流は大きい。インバータの小型軽量化に限界があり、スイッチング周波数（1秒あたりのスイッチ回数）は500Hz程度と低かった。

一方、IGBT（Insulated Gate Bipolar Transistor：絶縁ゲート両極性トランジスタ）は、低圧の電気信号によって高電圧

(数千V)、大電流（数百A）の電気を1000Hzという高速で入り切りできるスイッチで、大きさは手のひらサイズである。

高電圧大電流の電気を入り切りすると発熱するので、その冷却が重要である。じつは車両の床下に見えるVVVFインバータの大半が、走行風を利用した冷却用の巨大フィン（放熱板）である（口絵27ページ参照）。

◆「ピィ〜ン」の正体

図7 - 5に、小田急1000形と4000形でインバータが作り出す周波数（インバータ周波数f_{INV}）と半導体素子の1秒あたりのスイッチ回数（スイッチング周波数f_{SW}）の関連を示す。

f_{INV}は走行速度と対応する。以下4000形の場合について見てみよう。

モータは6極なのでf_{INV}の$2/6 = 1/3$がモータの1秒あたりの回転数になる。さらに車輪回転数はギア比5.65分の1となる（152ページ参照）。車輪半径を410mmとすると、f_{INV}が200Hz

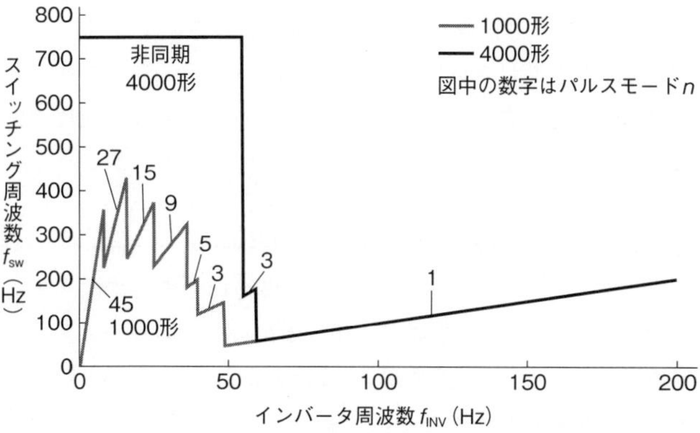

図7-5　インバータ周波数とスイッチング周波数

の場合の走行速度は110km/hになる。

一方、半周期を作り出すのに用いるスイッチング回数（パルスモードn）を一定とすると、f_{INV}が上昇するにつれて、f_{SW}も上昇していく。しかし半導体といえどもスイッチングの速さにも限界があるので、f_{INV}が上がるにつれて、nを低くしていく必要がある。

これらの3つの量f_{INV}、f_{SW}、nの間には、$f_{SW}=n\times f_{INV}$の関係式が成り立つ。

パルスモード$n=1$の場合には、1周期の間に、プラス側とマイナス側の波形作成担当のスイッチング素子がそれぞれ1回の入り切りを行う。1個のスイッチング素子に注目すれば$f_{SW}=f_{INV}$と両者の周波数は等しくなる。

GTOサイリスタを用いる1000形では、その限界のスイッチング周波数500Hzを超えないよう、パルスモードnを45一定で加速、次に27に下げて27一定で加速、以後、順に15、9、5、3、1で加速していく。nの移行時には瞬間的にnが変化するので、f_{INV}（＝走行速度）とf_{SW}の関係を図示すれば、前ページ図7－5の1000形のようにギザギザになる。

電車の加速時に、低い音から高い音へピィ～ン、ピィ～ンと数回繰り返して聞こえることがあるのは、このf_{SW}の変化で生じる音である。

◆IGBTでのより滑らかな加速

これに対してIGBTを用いている4000形の場合には、スイッチング周波数f_{SW}の限界が750Hzと高い。そのためスタート時からインバータ周波数f_{INV}が55Hzまではf_{SW}を750Hzで一定させている。その間f_{INV} 1～55Hzでのパルスモードnは750～13.6と連続的に減少していくことになる。

この高いf_{SW}を活用し、f_{INV}に同期させずf_{SW}を750Hzで一定とする非同期モードによって、nを1000形の場合より大きくできて、モータを停止状態から出発させる際に滑らかに駆動できる。

f_{INV}が55Hz以上は、パルスモードnは、非同期モードから一気に3に移行するので、制御装置から出る音が1000形よりも変化が少なくなっている。

◆誘導モータ速度制御の問題点

モータが回ろうとする力（トルク）は、誘導モータも直流モータも、回転子電流と固定子磁束に比例する。

直流モータでは、回転子電流は固定子コイルに対応するコイ

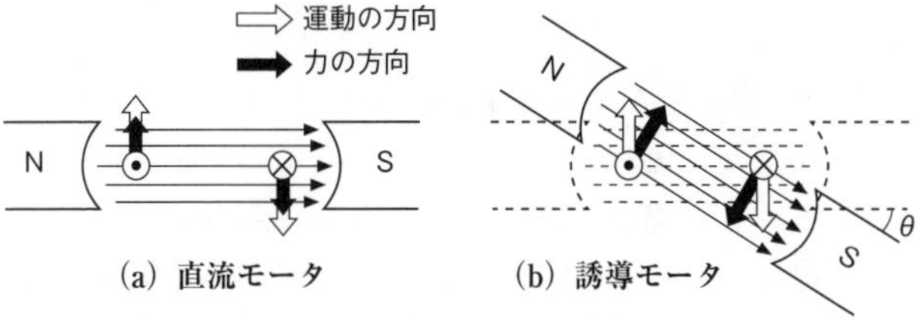

図7-6　固定子磁束と回転子の関係

ルにブラシ・整流子を通して流されるから、固定子磁束の方向と回転子導体の運動方向が常に直角になる。そこで、生じる力は回転子導体の運動の方向と一致する（図7－6a）。また回転子電流の大きさは外部から測定することができるので、トルクを制御することが容易だ。

これに対して誘導モータは、先行する固定子の回転磁束で回転子に電流が誘導されトルクを発生するから、固定子の磁束方向と回転子の運動方向が直交せず、生じる力は回転子の運動の

方向と一致しない（同図b）。

また回転子電流も、外部からの電流ではなく誘導された電流なので、直接測定することができない。さらに、交流だからこれらは時間とともに変化する。

だが、直接測定できない回転子電流と回転磁束を把握していなければ、モータを制御できない。この直接測定できない2つの変数を推定して制御する方法が、滑り周波数制御とベクトル制御である。

◆滑り周波数制御

滑り周波数制御は、測定できない固定子磁束と回転子電流を、簡易式により推定し、文字通り滑り周波数（142ページ参照）をコントロールすることでモータトルクを制御する方式である。

制御の手順を図7－7に沿って見ていこう。

まず各種センサ情報をもとに、必要なモータトルクTを決める。トルクTは目標とする起動加速度に合わせた車両システムの能力（モータ出力、VVVFインバータの出力能力など）で決定される。しかしその能力を上げ過ぎると、車輪とレール間の粘着（摩擦）力を上回って空転してしまうので、粘着力が限界となる。

Tが決まると簡易式（1）により、目標インバータ周波数f_{INV}の値が決まる。簡易式のモータ回転数f_mは、モータ軸に取り付けたセンサで測定できる。またモータ電圧Eは、架線電圧の測定値と目標速度から簡単に決まる。

こうしてf_{INV}が決まると、滑り周波数f_Sの指令値が式（2）によって決まる。また簡易式（3）から、回転子電流指令値I_pが決まる。ただしI_pは回転子電流なので、外部からの測定は

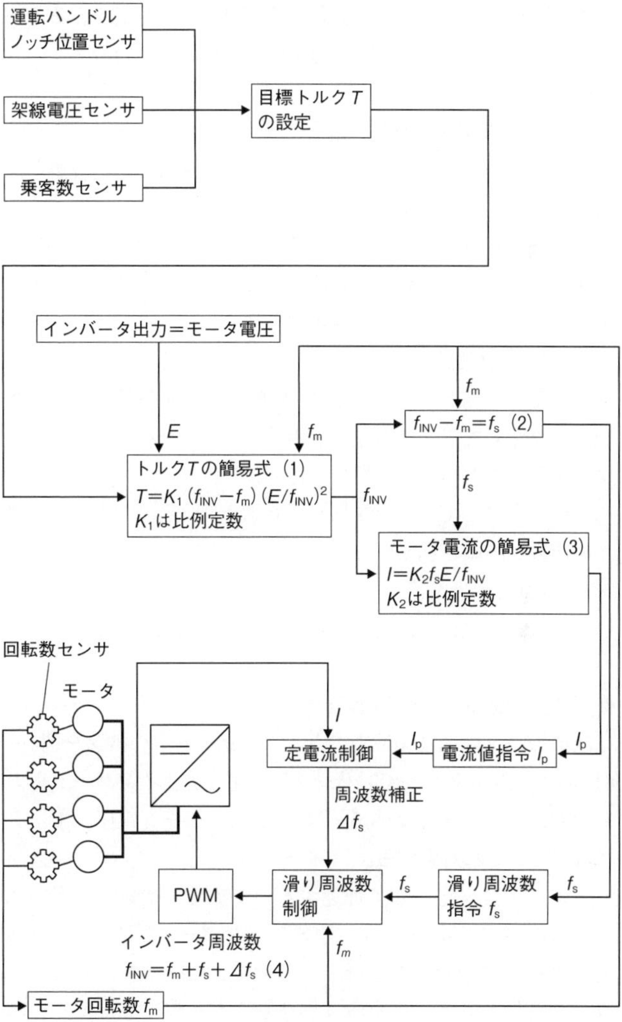

図7-7　滑り周波数制御の原理

むずかしい。そこで滑り周波数制御では、I_pを測定できるモータ固定子電流（インバータ出力電流）で代用している。

◆ 滑り周波数制御のシステム

こうして、回転子電流指令値I_p、滑り周波数f_Sの指令値が決定されると、次はいかに制御するかである。

定電流制御部は、電流指令値I_pとモータ固定子電流測定値Iを比較し、そのずれを補正するのに必要な滑り周波数の補正量Δf_Sを計算し、滑り周波数制御部に送る。

滑り周波数制御部では、滑り周波数指令値f_Sにモータ回転数測定値f_mを加え、さらに滑り周波数補正量を増減する（式(4)）。こうしてモータ電圧の周波数f_{INV}（インバータ周波数）が決まり、インバータに指令が送られる。

このようにして、モータ固定子電流Iが一定になるように滑り周波数が制御されている。

f_Sは数Hz程度であり、小田急4000形では速度110km/hでf_mは70Hzほどなので、約5%の滑りがあることになる。

◆ 速度領域別のトルク制御モード

誘導モータの速度領域別のトルク制御モードの概念を図7-8に示す。トルクT、インバータ出力電圧E、インバータ出力電流Iは、151ページの図6-7の引張力、モータ電圧、モータ電流にそれぞれ対応する。

トルクTを一定にして加速するのが望ましいので、図7-6の式（1）のE/f_{INV}を一定にする。インバータ周波数f_{INV}は加速パターンに合わせて上昇させるので、モータ電圧Eも同じ割合で増加させる。また滑り周波数f_Sも一定になるように制御して、トルクTとインバータ出力電流Iがともに一定に保た

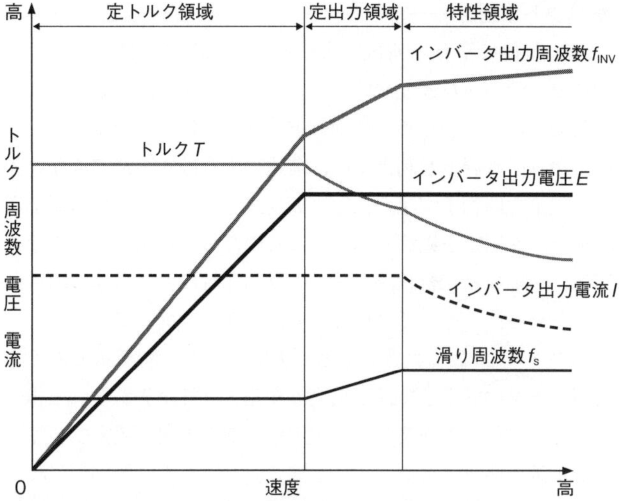

図7-8　速度領域別のトルク制御モード

れる（定トルク領域）。

しかし架線電圧が決まっているため、Eを無限に上げることはできない。そこでEが上限に達したらf_Sをf_{INV}の増加と同じ割合で増加させてIを一定に保つ。EもIも一定なので、その積も一定になる（定出力領域）。

しかし図7-7の簡易式（1）の分母f_{INV}の二乗項の増大ほどには分子の$f_{INV}-f_m=f_S$を増大できないので、トルクTは低下していく。このトルクTの低下は、速度が上がるにつれて粘着力が低下していくという特性に対応していて、粘着力以上のトルクにしないことに役立っている。

f_Sも上限に達すると、すべてのパラメータは制御に関係はせず、制御放棄の状態でf_{INV}だけが上がり、TとIはモータ特性に従って減少していく（特性領域）。

◆ベクトル制御

1980年代に滑り周波数制御が導入された当初は、マイクロプロセッサの演算速度が低く、この制御方法が演算量としても適していた。そのためこの制御方式は、近年まで主流だった。

しかし滑り周波数制御では、前述のように、測定できない固定子磁束や回転子電流の推定に簡易式を用いる。また回転子電流をモータ固定子電流とみなすなどのため、架線電圧の急変、空転、滑走など走行状況が急に変動した時には、迅速な応答ができなかった。そこで登場したのがベクトル制御である。

ベクトルとは、「大きさ」と「方向」をもつ物理量である。誘導モータの固定子には三相交流が流されているから、三相の電流を合成したモータ固定子電流は、刻々方向を変えていくベクトル量である。

ベクトル制御は、ベクトル的演算を導入して、滑り周波数制御のトルク推定を高速化、高精度化した手法である。基本的な制御方法は滑り周波数制御と同じで、演算処理が複雑になっただけなので、本来は「滑り周波数制御形ベクトル制御」だが、一般的に「ベクトル制御」という。

ベクトル制御は1968年にドイツで提唱されたが、インバータ出力電流から瞬時に演算して、固定子磁束、回転子電流を求めなければならず、演算量も膨大になる。このため高性能な半導体やマイクロプロセッサ、大容量のメモリが開発されるまで実用化は困難だった。

それが近年、マイクロプロセッサの演算能力が著しく向上しメモリも大容量化が進んだため、VVVFインバータ制御の標準方式となったのである。

◆ センサレス制御

さらに2000年代に入り、ベクトル制御の拡張機能として2つの制御が開発された。

1つは純電気ブレーキ制御である。これは、204ページで説明する回生ブレーキを停止直前まで有効にさせる付加機能である。回生ブレーキのきめ細かい制御ができるようになったため、停止直前までモータによるブレーキ力制御が可能になった。

2つ目がセンサレス制御である。

車両の加減速性能の向上や冗長性を増し故障に強くする（故障した時に代役がいるようにする）観点から、より大容量のモータが求められるようになった。モータの軸端に取り付けた回転状況を検出するセンサを省略することも検討された。

このセンサに代わって、インバータからの出力電流などからモータの回転数を推定演算するセンサレス制御が考えられた。しかしベクトル制御と同様に高速演算が必要なことから、2000年代に入ってようやく実用化された方式である。

モータは、台車に取り付けるために外形寸法に制約があるが、センサがなくなると、その分だけ大型のモータを用いることができ、大容量化が可能となった。さらに、センサがなくなったことで、センサを取り付ける際の微妙な寸法管理が不要になり、メンテナンスの省力化にもつながっている。

第8章

強力なブレーキの仕組み

写真提供／名古屋鉄道（株）

8-1 ブレーキの分類

◆ 粘着ブレーキ

交通機関にとってブレーキは安全上もっとも重要で、非常に高い信頼性が要求される。また列車が分離するなどの異常が生じた際には、自動的かつ確実にブレーキが動作するフェールセーフ性も必要になる。フェールセーフとは、機械の故障や人間のミスがあっても、状況が必ず安全な側に動くようにすることである。

図8－1に鉄道車両の主なブレーキを示す。

鉄道車両では、車輪や車軸に、その回転を止める力（トルク）を与えるブレーキが使われている。車両はレールとの摩擦力で止まる。鉄道分野では、車輪とレール間に働く摩擦力を特に粘着力という。そこでこれを粘着ブレーキとよんでいる。

粘着ブレーキは、トルクを機械的に与える機械ブレーキと、電気的に与える電気ブレーキに大別できる。

非粘着ブレーキは空力や電磁気力、あるいは軌道と車体に設置した歯車をかみ合わせるなど、粘着力以外の力で止めるブレーキである。ただし一部の路面電車や登山鉄道を除き、世界的にもほとんど採用されていない。

◆ 機械ブレーキと電気ブレーキ

機械ブレーキには、車輪や専用のディスクに、圧縮空気を利用して摩擦材（ブレーキシュー）を押し付ける空気ブレーキ、ディーゼルカーで使われるエンジンブレーキなどがある。

電気ブレーキには、モータを発電機として利用して生み出し

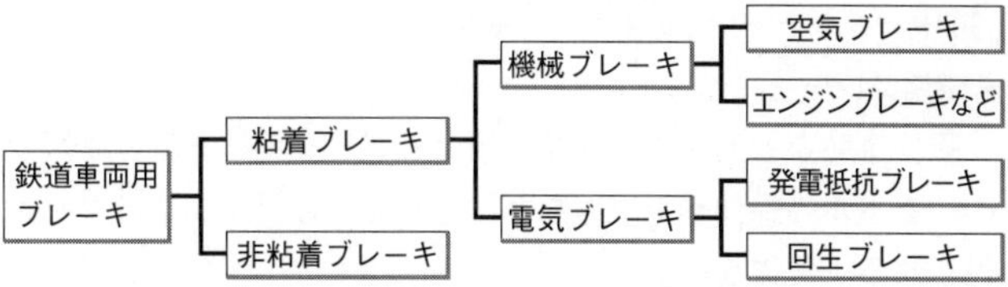

(a) 粘着ブレーキと非粘着ブレーキ

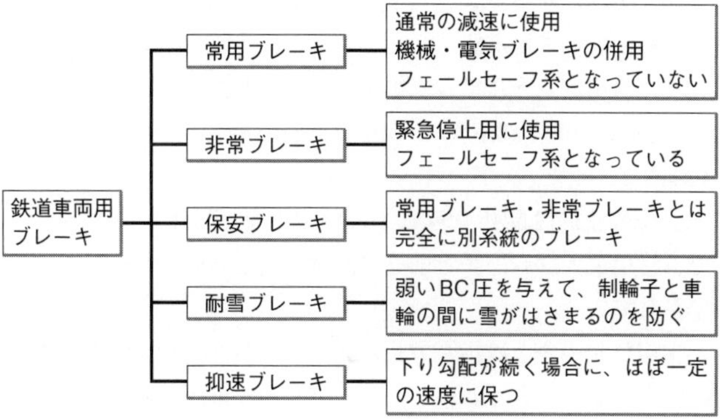

(b) 役割による分類

図8-1　ブレーキの分類

た電気を、架線側に返す回生ブレーキや、抵抗器で電力を熱に変えて放熱してしまう発電抵抗ブレーキなどがある（“(発電)抵抗ブレーキ”とカッコ付きで表記する場合もある)。

本書では、もっとも一般的に使用されている空気ブレーキと回生ブレーキを中心に述べていく。

◆役割によるブレーキ分類

鉄道車両が走行中に用いるブレーキには、役割に応じて常用ブレーキ、非常ブレーキ、保安（直通予備）ブレーキ、耐雪

（抑圧）ブレーキ、抑速ブレーキなどがある。

◆常用ブレーキ

駅停車時など通常の減速時に用いるブレーキである。運転士のハンドルの操作や乗車率などに応じて、必要なブレーキ力が得られるようになっている。

しかし列車編成が分離してしまうなどの異常時に、自動的にブレーキがかかるフェールセーフ性がないため、非常ブレーキとともに装備される。

また常用ブレーキでは、電気ブレーキと機械ブレーキの併用（電空協調制御：205ページ参照）を行う場合が多い。

◆非常ブレーキ

緊急停止時や駅折り返しでの停留用などに用いるブレーキで、常用最大ブレーキと同等または一段と高いブレーキ力が設定されている。

常用ブレーキとは指令方式が異なっており、元空気タンク管の圧縮空気が大きく減圧したり、ブレーキ電源が断たれたり、列車が分離したりするなど、常用ブレーキがかからない異常時には、自動的かつ確実に止まるフェールセーフ性がある。

また機械ブレーキのみで構成される場合が多く、常用ブレーキと同様に、乗車率に応じてブレーキ力を増減する機能をもっている。

ワンハンドルタイプの主幹制御器では、主ハンドルをもっとも前に倒すことで非常ブレーキをかけることができる。

通常は運転台での非常ブレーキハンドル操作、車掌室にある非常ブレーキスイッチの操作、あるいはATS（210ページ参照）などからの指令によって作動する。

◆保安ブレーキ

1971年に、踏切で列車とトラックが接触し、列車のブレーキが破損してまったくかからなくなり、列車が沢に転落する死傷事故が発生した。この事故を教訓として、鉄道車両には常用・非常ブレーキとは完全に別の系統の保安ブレーキの設置が義務付けられた。

専用のスイッチを操作することよって保安ブレーキがかかる。使われる圧縮空気も、ブレーキ制御装置や滑走防止弁（198ページ参照）を通らず、専用の保安空気タンクから直接ブレーキ装置へ送る（次ページ図8－2参照）。

また常用・非常ブレーキとは異なり、乗車率にかかわらずブレーキシリンダ圧力が一定になるようになっている。

◆耐雪ブレーキ

1986年に大雪の中で駅に停車しようとした際、ブレーキの制輪子と車輪の間に雪が挟まって必要なブレーキ力が出ず、前方の車両に追突する負傷事故が発生した。

この事故を教訓として、走行中には制輪子と車輪の隙間をなくす程度の低いブレーキシリンダ圧力を与える耐雪ブレーキが義務付けられた。

耐雪ブレーキは運転席にある専用のスイッチを操作することで動作する。

◆抑速ブレーキ

下り勾配を走行する時、重力により自然に加速してしまうのを抑え、一定速度で走行するためのブレーキである。一般的には回生ブレーキが使われるが、発電抵抗ブレーキを用いることもある。

小田急4000形のワンハンドルマスコンの場合には、切り位置と1ノッチブレーキ指令位置の間に抑速ブレーキ指令位置がある（158ページ図7－2参照）。

8-2 空気ブレーキ

◆ ブレーキまでの空気の流れ

鉄道車両のブレーキは、圧縮空気を利用して回転体に摩擦力を与えて止まる空気ブレーキが基本であり、それが鉄道の安全に対する高い信頼性の源になっている。

図8－2はブレーキシステムの一例である。太い線が空気の流れだ。

電動空気圧縮機で作られた圧縮空気が元空気タンク（MR：Main Reserver）に溜められている。元空気タンクの圧縮空気

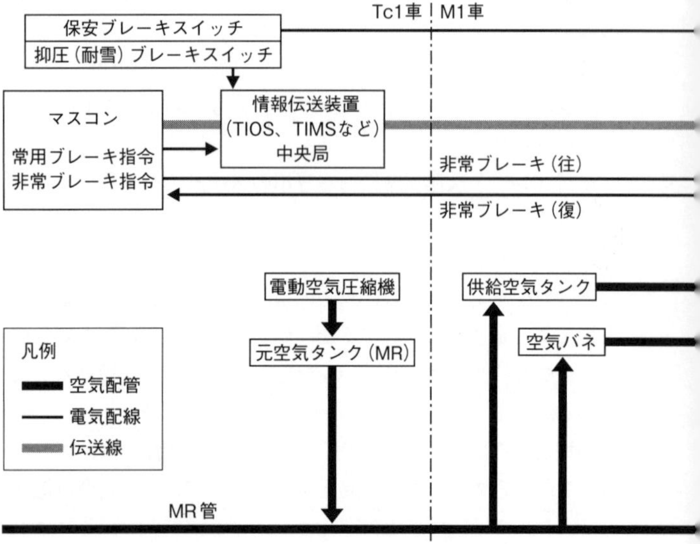

図8-2　ブレーキシステム概略図

は、元空気タンク管（MR管）ですべての車両にある供給空気タンクへ送られる。

MRの圧力は、走行中は常に一定の範囲に保たれており、小田急4000形の場合640〜780kPa（6.3〜7.7気圧）となる。

ブレーキ指令によって、供給空気タンクの圧縮空気を、ブレーキ制御装置の中で指令に応じた圧力に下げ、ブレーキシリンダに送る。こうして制輪子を車輪踏面に、あるいはブレーキパッドをブレーキディスクに押し付け摩擦力を与えることで、必要なブレーキ力が得られる。

◆踏面ブレーキ

そこで次に、圧縮空気の力により、車輪や車軸に回転を止め

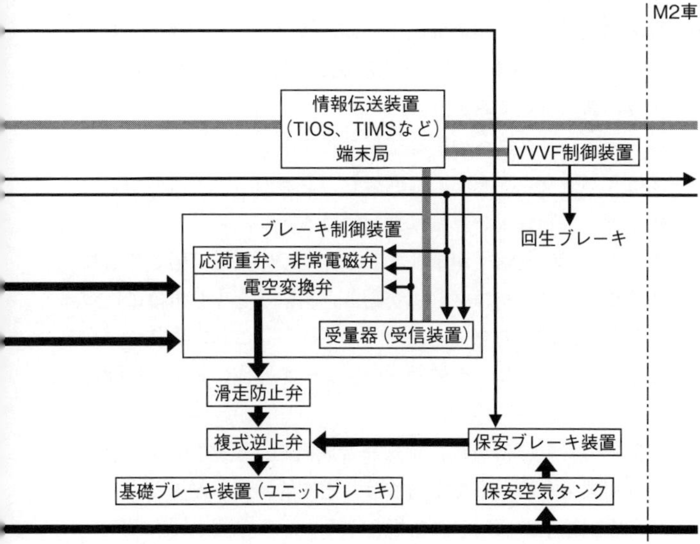

るトルクを与える基礎ブレーキ装置について見ていこう。

基礎ブレーキ装置には、車輪踏面（67ページ参照）に制輪子を押し付ける踏面ブレーキと、車軸や車輪側面に固定されたブレーキディスク板に、ブレーキパッド（ライニング）を押し付けるディスクブレーキがある。

踏面ブレーキは構造が簡素で軽量なうえ、小さな押し付け力で大きなブレーキ力を得ることができる。在来線の車両では、もっとも一般的に使われており、特にモータを備えたＭ台車で用いられている。Ｍ台車は、モータがあって車軸にディスク板を取り付けるスペースがないため、ディスクブレーキを使いにくいのだ。

◆ユニットブレーキ

さらに最近では、関係部品を一体にまとめたユニットブレーキが広く使われるようになった。図8－3でユニットブレーキのメカニズムを見てみよう。

ブレーキシリンダへの圧縮空気でピストン⑦を押すと、レバー②はレバー支点③を中心に回転し、シューヘッド⑫のついた押棒を押し、制輪子を車輪に押し付ける。

この方式では制輪子が摩耗すると、その摩耗量に応じて自動隙間調整器（アジャスタ）④が動き、制輪子を少し車輪に近づけることで、押付力を一定範囲内に留める。これにより、日常の保守が容易になり、機械効率やブレーキ操作に対する追随性も上がっている。

制輪子の材料には鋳鉄、特殊な合成樹脂、焼結金属の3種ある。首都圏を走る在来線車両では、比較的軽量・安価なことから、合成制輪子が採用される場合が多い。

構造が簡単な踏面ブレーキだが、車輪踏面に制輪子を押し付

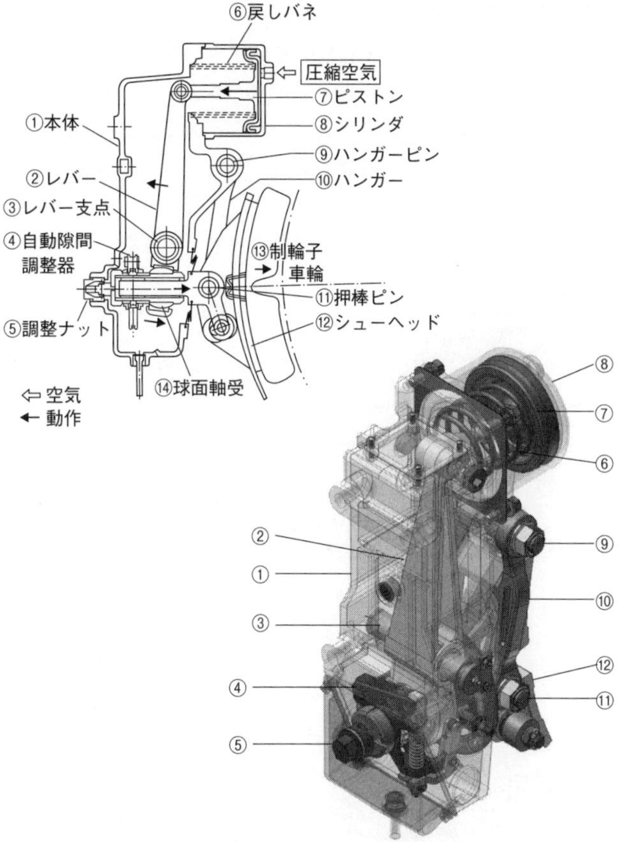

図8-3　ユニットブレーキ

ければ、当然、踏面は摩耗する。その状態によっては加減速や走行騒音、動揺などの走行性能に影響を与える。さらに新幹線などの高速車両では、摩擦によって車輪や制輪子の温度が上がり過ぎてしまうので、採用することはできない。

◆ディスクブレーキ

ディスクブレーキは回転体にディスク板を取り付ける必要があることから構造が比較的複雑になる（図8－4）。その反面、放熱しやすく、耐摩耗性材料を用いることができるので、強いブレーキをかけることが可能である。また、当然、車輪踏面を傷めることもない。

ディスクブレーキは、モータのない台車（T台車）で主に用

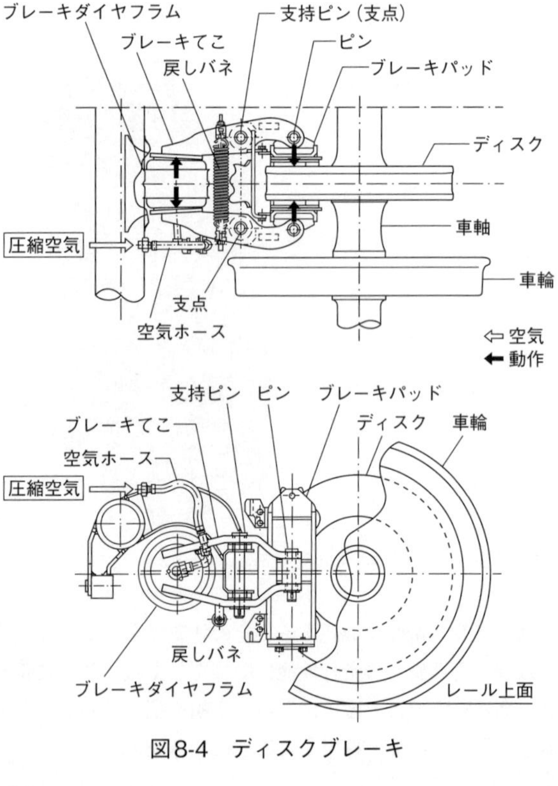

図8-4　ディスクブレーキ

いられている。ただし、新幹線などの高速車両では、モータを備えたM台車にも使われている。この場合は、車輪の側面にディスク板を備えた構造となっている。

ディスク板を挟み込むブレーキパッド（ライニング）には合成パッドと焼結パッドがあるが、高速車両では高熱になることから熱伝導性の高い銅系の焼結パッドが用いられている。

T台車の中には、ディスクブレーキと踏面ブレーキを併用している車両もある。

8-3 空気指令式空気ブレーキ制御

◆自動空気ブレーキ

運転士のハンドル操作やATS（210ページ参照）などからの指令でブレーキがかかる。空気ブレーキの指令方式には大別して空気指令式と電気指令式がある。

空気指令式は、ブレーキ指令を空気圧によって編成全体に伝達する方式で、1980年頃まで、さまざまな改良を加えられながら使われてきた。

かつては制御装置から基礎ブレーキ装置まで、すべて空気で動く自動空気ブレーキだった。この方式は、何らかの原因でブレーキ管（BP：Brake Pipe）などが破損して空気が漏れれば、自動的にブレーキがかかるフェールセーフ系である。

ただし、空気指令式は、BPなどの配管を編成全体に引き通す必要がある。また応答性や制御性などの点で電気指令式に劣る。そのため、機関車、短編成のディーゼルカー、普通貨車などを除けば、最近の車両では自動空気ブレーキ単独ではほとんど使われなくなった。

◆電磁直通空気ブレーキ

現在の空気指令式は、ほとんどが電磁直通空気ブレーキである。常用ブレーキでは、空気圧による指令で電磁直通制御器（電空制御器）を働かせ、各車のブレーキ電磁弁とゆるめ電磁弁を入り切りする。これによって、直通管に適切な空気圧を与えることで必要なブレーキ力を与える（図8－5a）。

その際、直通管の圧力空気は電空制御器の右側膜板室に戻され、左側膜板室の指令圧力とのバランスにより作用棒が左右に動き、ブレーキ電磁弁とゆるめ電磁弁を入り切りして直通管の圧力を指令圧力に等しくなるようにしている（同図b）。

膜板はゴム製の膜で、圧力で移動して弁などを開閉する。この部分は空気指令式だが、各車への指令は電気的に行うため、ブレーキ指令に対する応答性は電気指令式にそれほど劣らない。

この電磁直通空気ブレーキは、列車分離時にブレーキがきかなくなるので、前述の自動空気ブレーキで非常ブレーキがかかるようになっている。

◆空気指令式ブレーキ弁

空気指令式のブレーキハンドルはブレーキ弁につながっている。常用ブレーキでは、ブレーキ弁のハンドル角に応じた圧力を電空制御器へ出力して、必要なブレーキシリンダ（BC：Brake Cylinder）圧力を与える。

非常ブレーキでは、ブレーキ弁からブレーキ管（BP）圧力を抜くと同時に、ブレーキ弁に設けられたスイッチによって各車の非常電磁弁を動作させ、BPの空気を急速にすべて排気させる。BP圧力の減圧により各車の非常弁が動作してBC圧力

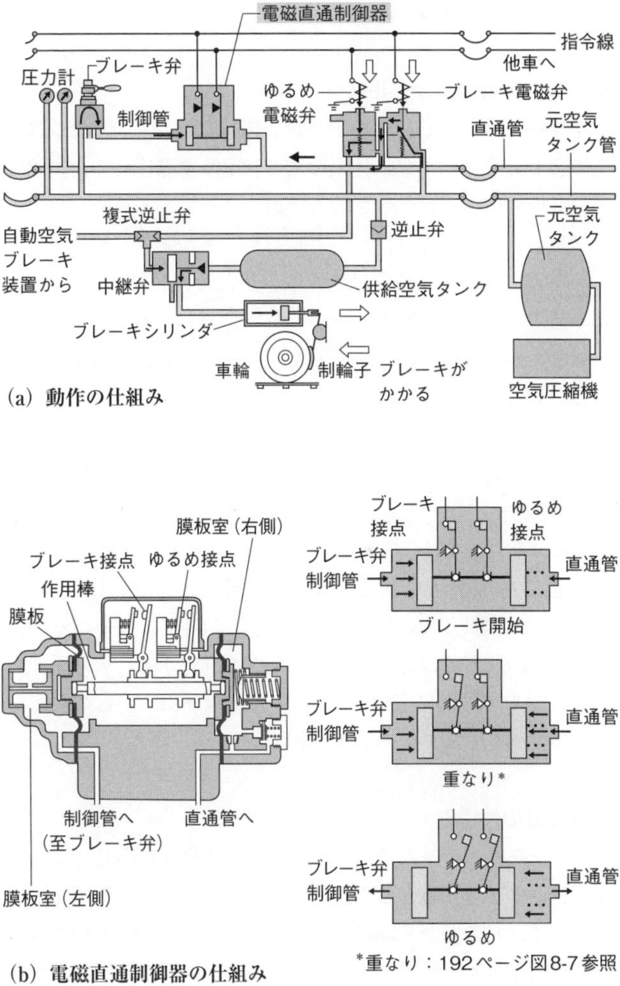

(a) 動作の仕組み

(b) 電磁直通制御器の仕組み

図8-5　電磁直通空気ブレーキ

が上がり、非常ブレーキがかかる。

◆ ブレーキ弁のハンドル操作

ブレーキ弁の構造はハンドル部、電気部、空気部の3つに大別できる。ブレーキ弁に挿入したハンドルを操作して、供給弁や電気信号の接点を動作させる構造になっている（図8－6）。

ブレーキ弁の操作は、ハンドルをハンドル案内に挿入することから始まる。挿入位置は抜き取り位置と同じで時計のほぼ3時の位置にあり、非常ブレーキの動作帯でもある。つまりハンドルを抜いた状態では、必ず非常ブレーキが動作するようになっているのだ。

ハンドルを挿入して時計回りに回していくと、ブレーキ管（BP）の排気口が閉じ、BP圧力が増えはじめる。それに伴ってブレーキシリンダ圧力（BC圧力）が下がり、ブレーキが徐々にゆるんでいく。

さらにハンドルを回して6時の位置にすると、BP圧力は490kPaまで増し、非常ブレーキは完全にOFFとなる。その代わり、この位置では常用最大ブレーキが動作する。

ハンドルをさらに回すと、BC圧力は徐々に下がっていき、ほぼ9時の位置でブレーキは完全にゆるむ。

◆ 供給弁の仕組み

ブレーキ弁の空気部では、ハンドルの操作角に応じてカムが回転し、カム当てを介して供給弁などの弁座を押し上げる。供給弁では、弁の開閉方向に金属バネが設けてあり、供給される圧縮空気で所望の圧力に達するまでは弁を開いて、圧縮空気が出力される側の空気室に流入するようになっている。

出力される側の空気室内の圧力は、流入した圧縮空気によっ

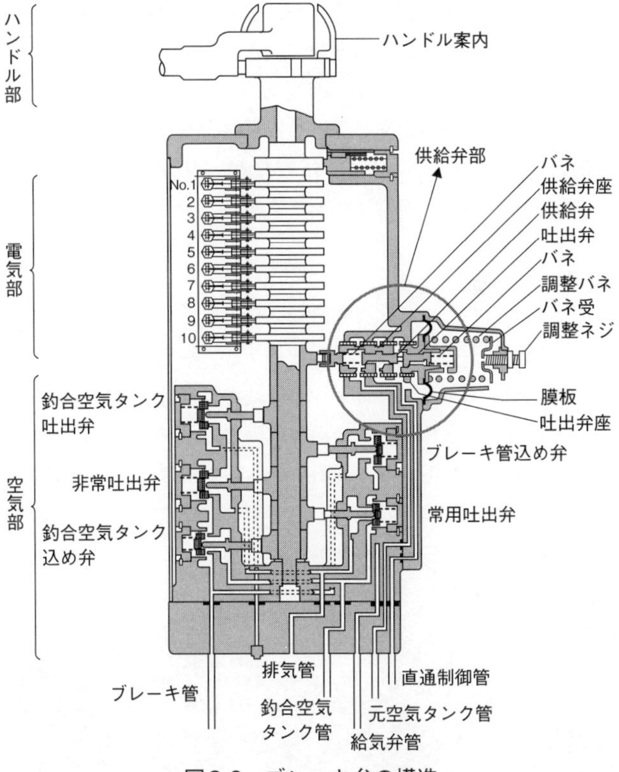

図8-6　ブレーキ弁の構造

て徐々に高まり、室内にある膜板を押して、所望の圧力に至った時点で弁が閉じて流入が止まる。こうして電磁直通制御器への指令圧力が作られる。

供給弁は所望の圧力を出力する空気制御部品の総称であり、ブレーキ弁以外にも車両のさまざまなところで使われている。出力する所望の圧力を変える場合、何らかの「指令」を供給弁に与える必要があるが、上述したブレーキ弁付属の供給弁ではその「指令」がカムの左右変位である。

その他の供給弁ではカムの変位の代わりに、「指令」が可変圧力の圧縮空気の場合や、コイルに電流を流すことで得られる電磁力（193ページ図8－8：EP弁など）の場合などがある。その動作原理は上述の動作が基本である。

◆消えゆく鉄道の歴史

電気指令式は、1967年に登場した、ブレーキ指令を電気信号だけで編成全体へ伝達する方式である。空気指令式に比べて部品点数やメンテナンスコストが低減され、応答性や制御性に優れていることから、新造の旅客車両ではすべて電気指令式ブレーキが採用されている。残っている空気指令式ブレーキ車両

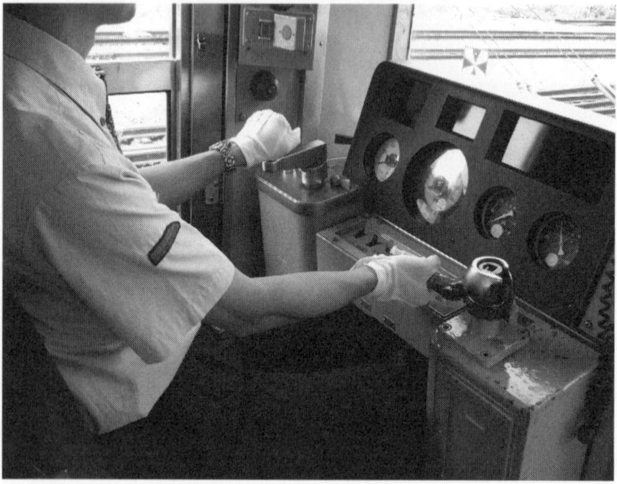

写真8-1 ブレーキ弁（右手）操作

写真提供／小田急電鉄㈱

も、車体修理時などに電気指令式ブレーキに改造されて、年々減り続けている。

運転台からブレーキ弁がなくなるのは、鉄道の一つの歴史が終わることを意味しており、そのカウントダウンはすでに始まっているのだ。

長年、鉄道車両のブレーキを支え続けてきたブレーキ弁が、運転台でどのような魅力ある存在なのか、運転士がどのように操作しているのか、機会があれば運転台の後ろからご覧いただき、ブレーキの歴史の変わり目を記憶に留めていただければと思う（写真8－1）。

8-4　電気指令式空気ブレーキ制御

◆多段式中継弁

電気指令式では運転士のブレーキ指令が電気信号である。その電気信号が、電空変換弁でブレーキシリンダへ送る圧縮空気圧力（BC圧力）に変換される。電気指令式の導入当初は、電空変換弁の一種の多段式中継弁でBC圧力を作る方式だった。

多段式中継弁は、異なる面積のゴム製膜板で仕切られた複数の空間を持つ。ブレーキ指令にもとづいて電磁弁を開閉して空間を選び、圧縮空気が入れられる。膜板の受ける力の合計が中央の弁棒に伝えられ、バネの力とのつり合いでBC圧力が作られる（次ページ図8－7）。

ただし最近の電空変換弁は、電流の値に応じて必要な圧力を作るEP（Electro Pneumatic）弁タイプや、2個の電磁弁と圧力センサで必要な圧力を作るON・OFF弁タイプが主流とな

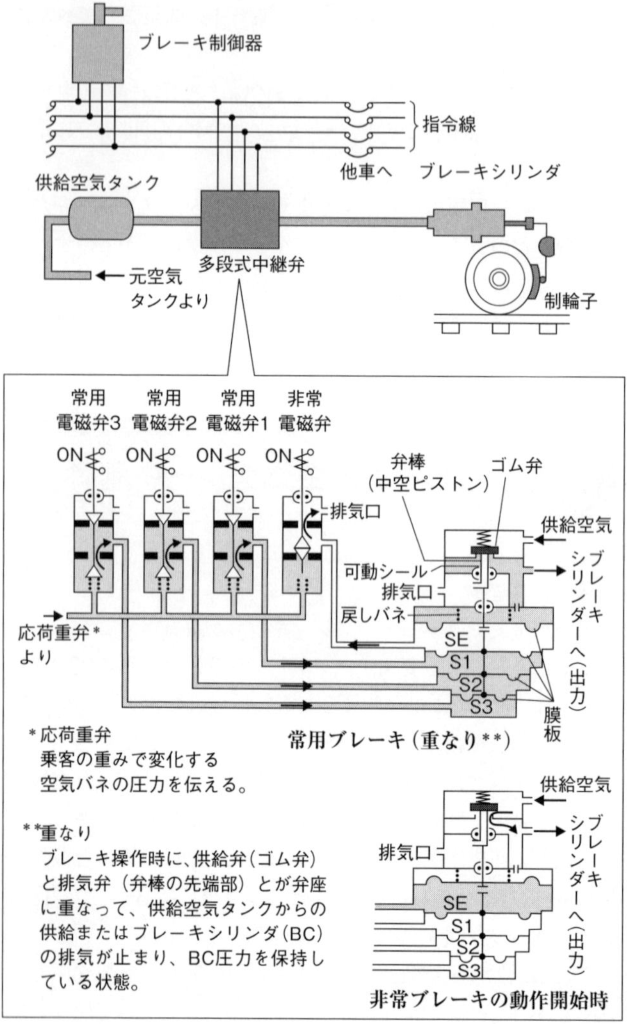

図8-7　多段式中継弁の仕組み

っている。

◆EP弁

まずEP弁の動作を説明していこう（図8－8)。

ブレーキ制御器からブレーキシリンダ圧力（BC圧力）に対応した値の電流がコイル①に加わる。するとコイル内の鉄芯②が磁化され、弁棒③を押し上げる力が加わる。

弁棒が押し上げられるとともに、ゴム弁④も押し上げられる。ゴム弁と弁座⑤の間に隙間ができて、供給空気タンクからの圧縮空気がAC（Application Chamber）⑥に急速に流入する。

ACに流入した空気が膜板⑦を押し下げる。さらにACの空気圧が高まるとともに、押し上げられていた弁棒が膜板とともに下がっていく。

電流によって得られる電磁力とコイルバネの力が、中継弁に出力する空気圧でつり合うと、ゴム弁④が弁座に戻って隙間がなくなり、供給空気の流入が止まり、ACの空気圧が一定とな

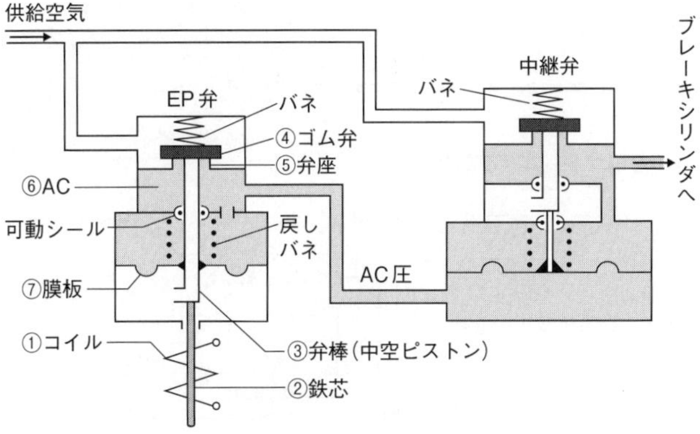

図8-8　EP弁（常用ブレーキ“重なり”）

る。ACの圧縮空気は、指令圧として中継弁に入り、その圧力に対応したBC圧力を出力する。図右の中継弁は、電空変換弁から出力される指令圧で流量の多い圧縮空気を作り、基礎ブレーキ装置へ送り出す流量増幅弁である。

◆ON・OFF弁

ON・OFF弁は、中継弁と一体構造になって小型化されてい

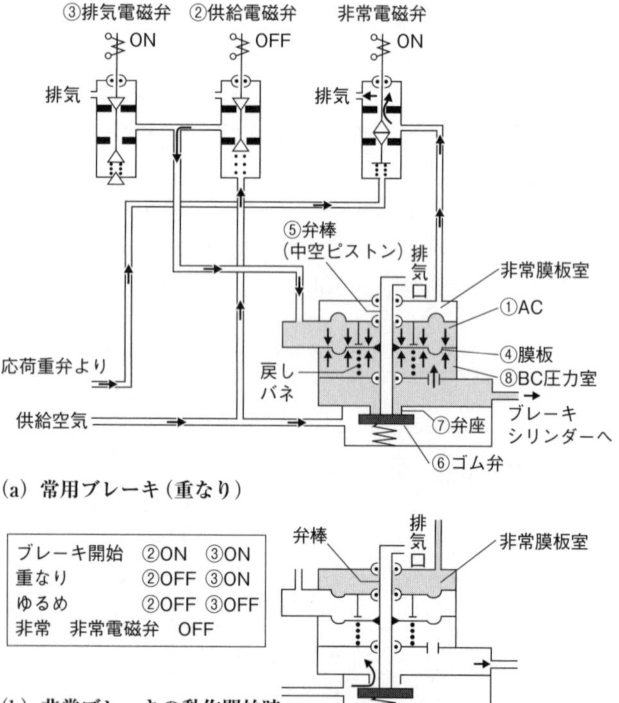

(a) 常用ブレーキ(重なり)

(b) 非常ブレーキの動作開始時

図8-9　電空変換弁(ON・OFF弁)

る（図8-9)。

ON・OFF弁では、AC①に供給電磁弁②と排気電磁弁③がある。供給弁を開けて圧縮空気を押し込むとACの圧力は上がり、排気弁を開けて圧縮空気を出すと圧力は下がる。AC内の圧力をセンサで監視して、弁の開け閉めを制御することで、必要な圧力の圧縮空気を作り出す。

ACに供給空気タンクから圧縮空気が流入すると、中継弁の膜板④が押し下げられるとともに、膜板に固定した弁棒⑤も押し下げられる。するとゴム弁⑥が押し下げられて弁座⑦との間に隙間ができ、圧縮空気がブレーキシリンダ（BC）へ急速に流入する。

そしてBC圧力が上がってくるにつれてBC圧力室⑧にも圧縮空気が流入して膜板を押し上げ、BC圧力が必要な圧力に達するとゴム弁が弁座に戻り、BCへの圧縮空気の流入が止まる。

◆デジタルとアナログ指令方式

電気指令式の常用ブレーキ指令には、デジタル指令方式とアナログ指令方式、制御伝送指令方式がある。

デジタル指令方式は、複数の信号線へ電圧を加えているか(ON)、加えていないか（OFF）の組み合わせにより、編成全体へブレーキ指令を伝達する。

ブレーキ力は、マスコンハンドルの指令によって、ステップ状に変化する。

指令信号線は、新幹線で7本、在来線ではJRが4本、公・民鉄は3～4本である。1本の線でON/OFFの2状態を表せるので、3本では2の3乗の8状態を表すことができる。つまり、ブレーキをかけない状態の他に、7段階のブレーキを指令できる。

アナログ指令方式は、ブレーキ指令が信号線への出力電圧や電流の変化として編成全体へ伝達される。電圧などの変化に応じて、ブレーキ力が連続的に変化する。東京メトロや東急電鉄、台湾新幹線にこの方式が使われている。

◆制御伝送指令方式

デジタル方式をさらに発展させた方式で、伝送信号によって編成全体へブレーキ指令を伝達する。伝送信号とは、さまざまな指令情報のすべてを1か0かの2進数に変換して、1本の線で順番に送る方式の信号である。

これは228ページで述べる列車情報管理装置の機能の一つである。

列車情報管理装置は力行指令・ブレーキ指令（加減速指令）や空調、ドアの開閉などの指令の他、客室内へ画像・文字情報を提供したり、編成全体のブレーキ力や故障情報の一元管理などにも活用したりできる。

制御性能の向上、保守作業の効率化、車両で使う電線の削減など、多くのメリットがあることから、最近ではこの制御伝送方式を採用する車両が増えている。

◆電気指令式の非常ブレーキ

電気指令式の非常ブレーキの指令系統は、常用ブレーキとはまったく異なり、制御伝送指令方式は使われない。

非常ブレーキ指令の専用信号線が編成全体を往復している。先頭側から電源が常に供給されて、通常走行時は常に電圧が加わった状態になっている。

それが非常ブレーキの動作条件が一つでも満たされると、信号線の電気が切れる。こうして信号線の電圧が0になると、非常ブレーキが動作するようになっている。

8-5 滑走防止制御システム

◆ 怖い滑走を防ぐ

雨や雪の日には、自動車などと同様、鉄道車両も滑走しやすくなる。しかも鉄道では、レールも車輪も鉄だから、自動車よりもずっと滑りやすい。

自動車が滑走すると、走行方向が不安定になることが大きな問題となる。一方、鉄道車両の場合には「ブレーキ距離の増大」と、滑走によってレールとの間の摩擦により生じる「車輪踏面の損傷」が大きな問題となる。車輪の一部が平らになるので、このような損傷は車輪フラットとよばれている(写真8－2)。

写真提供／小田急電鉄㈱

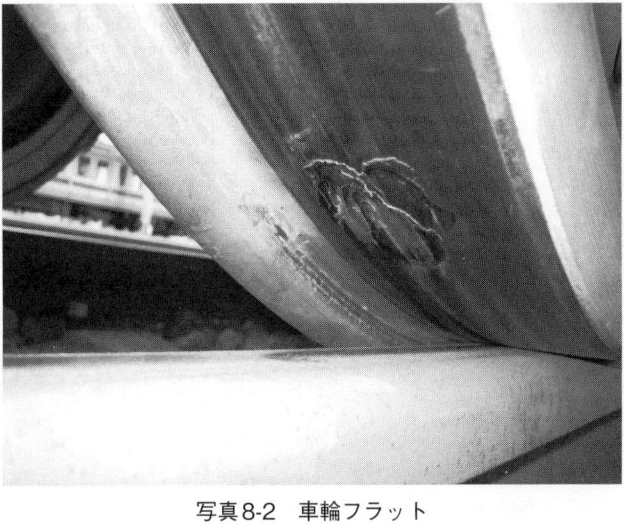

写真8-2　車輪フラット

ブレーキ距離の増大は、前方に障害物があって緊急停止しなければならない際などに、安全性を大きく脅かす。

車輪踏面が損傷すると、走行時にこの損傷箇所がレールと接触するたびにガタッ、ガタッという走行音が発生し、沿線や車内への騒音となるうえ、車軸の軸受の寿命を短くするリスクもある。

そこで鉄道車両では、ブレーキ制御装置に付随する形で、滑走防止装置（ABS：Anti-lock Braking System）を持っている（図8－10）。

◆滑走防止制御の原理

ABSは、各車軸の回転センサからの信号をもとに滑走の発生を検知すると、滑走している車軸のブレーキシリンダ圧力

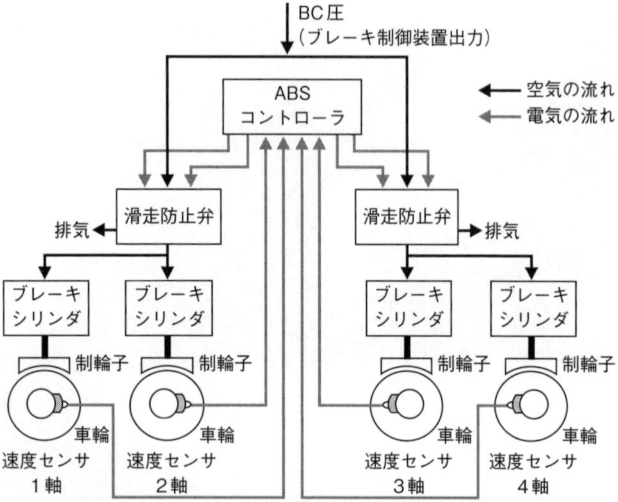

図8-10　滑走防止制御装置（ABS）の仕組み

（BC圧力）を急速に減圧させ、滑走が回復すると再び元のBC圧力まで増圧する。

滑走軸の検知は、回転速度差や回転減速度などによって行われる。

回転速度差は、その車両の車軸（通常4軸）の中でもっとも大きな回転速度と、自軸の回転速度を引き算し、その値が一定値を超す場合に滑走と判断する。速度差の代わりに、滑り率＝速度差／走行速度を用いる場合もある。

減速度の場合は、自軸の減速度が一定値を超えると滑走と判断する。

◆むずかしい「理想の制御」

ABSが滑走を検知すると、滑走防止弁を動作させてBC圧力を減圧する。減圧や、滑走が回復してきたと判断してBC圧力を増圧する（元に戻す）タイミングの決定がABSの制御でもっとも重要になる。

たとえば、あまりにすばやくBC圧力を減少させたり、滑走が完全に回復してから増圧を始めたりしていると、車輪は損傷しにくくなるが、ブレーキ距離は増大してしまう。

もともとABSは、ブレーキ距離の短縮と車輪踏面の損傷防止という2つの大問題に対応して設置されている。このどちらをより重要視するのかによって、制御方法の定め方は大きく異なってくる。

また、滑走はレール面の汚れや水膜の厚さ、温度や湿度などにより、その現れ方や発生しやすさが多様で、定量的に数式で表現することが非常に困難な現象である。

そのため、滑走に対して誰もが認める理想的なABSの制御方法を定めることは、たいへんむずかしい課題である。

8-6 空気圧縮機

◆圧縮空気の供給源

圧縮空気は、ブレーキの他に車体を支える空気バネ、警報用のホイッスル、パンタグラフ降下装置などにも使われている。さらに、多くの車両では車体の側引戸や高圧回路の遮断器にも圧縮空気が使われている。

この大切な圧縮空気は、電動空気圧縮機のモータで圧縮機を回して生み出す。

編成全体に均等に圧縮空気を送ることと、1台が故障した時に他の圧縮機が代わりを務めることができるよう（冗長性確保という）、編成に複数台あるのが一般的だ。小田急4000形や東京メトロ10000系の場合10両編成で、スクロール式の電動空気圧縮機ユニットが3ユニット使われており、1ユニットあたり3台の電動空気圧縮機がある。

空気圧縮機ユニットには、電動空気圧縮機に加えて、エアフィルタや油溜め、分油フィルタ、アフタークーラ、除湿器などが一つの箱の中にコンパクトに納められて、床下に取り付けられている（図8－11）。

◆空気圧縮機の仕組み

元空気タンク（MR）の圧力が一定の値を下まわると、その圧力監視装置（ガバナ）が指令を出し、空気圧縮のモータが起動する。外気がエアフィルタ①に吸い込まれ、異物やホコリが除去されて電動空気圧縮機②へ送られる。

電動空気圧縮機から出た直後の圧縮空気には、次項で述べる

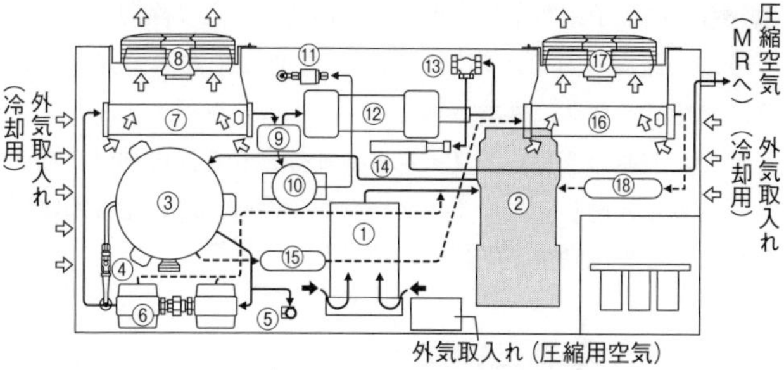

← 空気回路
←--- 油回路
← 水分排出経路
⇦ 外気の流れ

①エアフィルタ　②電動空気圧縮機　③油溜め　④排油バルブ　⑤安全弁　⑥分油フィルタ　⑦アフタークーラ　⑧アフタークーラファン　⑨ドレンフィルタ　⑩ドレンタンク　⑪排水用電磁弁　⑫除湿器　⑬逆止弁　⑭圧力調整弁　⑮油チリコシ　⑯オイルクーラ　⑰オイルクーラファン　⑱給油用電磁弁

図8-11　空気圧縮機ユニットの構造

2つのスクロール間の隙間をふさぐ潤滑油が霧状に含まれてしまう。しかも空気は圧縮されることにより高温多湿となる。

圧縮空気から潤滑油を分油しないと、車両全体に潤滑油が回ってしまうし、潤滑油が失われて空気圧縮機が破損してしまう。また圧縮空気が高温多湿のままでは、ゴム部品の劣化や厳寒期に凍結による、ブレーキの動作不能を引き起こす可能性がある。

したがって、圧縮空気は分油、冷却、除湿を十分に行ってからようやく元空気タンクに溜められていく。

まず油溜め③に入って分油された後、分油フィルタ⑥で霧状の油を捕捉し、圧縮空気から潤滑油を分離する。その圧縮空気はフィン付きの冷却管（アフタークーラ）⑦を通ることで冷却される。またこの時に結露した水分は、ドレンタンク⑩を通って電磁弁⑪から排出される。圧縮空気に気体となって含まれる水分も、高分子中空糸膜を用いた除湿器⑫により除湿される。

冷却・除湿された圧縮空気は逆止弁⑬と圧力調整弁⑭を通り、元空気タンクに供給されていく。

また、油溜め③と分油フィルタ⑥で捕捉した潤滑油は、油チリコシ⑮を通過した後オイルクーラ⑯で冷却され、給油用電磁弁⑱によって電動空気圧縮機に戻される。

◆ スクロール式空気圧縮機の原理

電動空気圧縮機のモータは直流から交流に替わってきた。圧縮機は古くからレシプロ式（ピストンが往復動するタイプ）が主流だったが、近年は低騒音・低振動のスクロール式やスクリュー式（回転運動するタイプ）も見られるようになってきた。

図8-12はスクロール式空気圧縮機の原理図である。スクロールとは渦巻きのことで、2つの同一形状のスクロールが用いられている。

モータの軸中心から偏心した軸に、回転スクロールの中心軸がベアリングによって取り付けられている。モータが回ると、回転スクロールは、固定スクロールに対して振れ回りの公転運動を行う。

その結果、同図の回転スクロールと固定スクロールとの間の灰色を付けた空間が、外側から中心へ移動しながら容積が小さくなっていくことで空気を圧縮していく。2回転目で最大に圧縮された空気は、中心部の吐出口から排出される。

もしも回転スクロールが偏心軸に固定されていると、公転運動に加えて自転運動も行うことになる。すると、回転スクロールと固定スクロールとの間に隙間が生じるなど機能しなくなる。そこで、回転スクロールを、前述のようにベアリングによって偏心軸に取り付けるなど、自転防止対策が施されている。

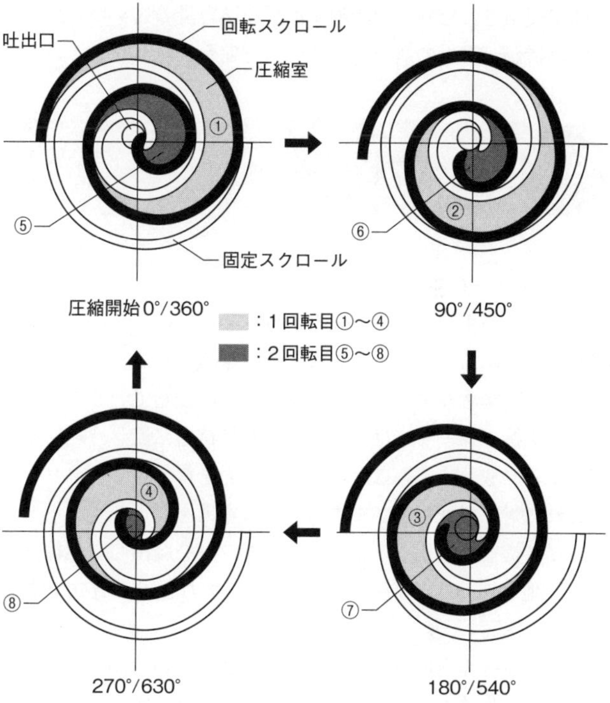

図8-12　スクロール式空気圧縮機の原理

◆オイルレスへの挑戦

なお、スクロール式やスクリュー式の空気圧縮機の分油は、比較的やっかいな仕事である。分油フィルタを定期的に交換しなければならず、分油機構の不具合で潤滑油が急激に減ったり圧縮機本体を破損させたりすることがまれに起きるなど、いまだ満足な分油方法は確立していない。

このため、潤滑油をまったく使わないレシプロ式の圧縮機が一部で使用されたり、潤滑油が不要な小容量のスクロール式空気圧縮機が、海外の新交通システムで使われたりもしている。

8-7 電気ブレーキ

◆回生ブレーキ

電気ブレーキには、前述したように発電抵抗ブレーキと回生ブレーキがある。いずれもモータを発電機にして、電車の持っている運動エネルギーを電気エネルギーに変えている。

発電抵抗ブレーキでは、その電力を抵抗器に流し、熱に変えて捨てる（放熱する）ことでブレーキ力を得ている。

これに対して回生ブレーキは、その電力を自車の空調などのサービス機器に活用する他、パンタグラフを経由して架線側へ返し、他の電車でも使うことでブレーキ力を得る方式である(図8－13)。

空気ブレーキと回生ブレーキは併用されているが、回生ブレーキは省エネにも優れていることから、最近の電車では、回生ブレーキが主役といっても過言ではない。

ただし回生ブレーキは、近くに電気を使ってくれる車両が走っていないと、ブレーキ力をあまり発生させられない。また主回路（モータを動作させるための高圧回路や高圧機器）の能力は加速時を基本に設計されているので、高速時に回生ブレーキだけで減速しようとすると、その能力をはるかに上回る高い電力を発生させる必要がある。このため、高速時には、回生ブレーキだけでは必要な分だけ減速させることができない。

こうしたことから、一般に回生ブレーキは空気ブレーキと併

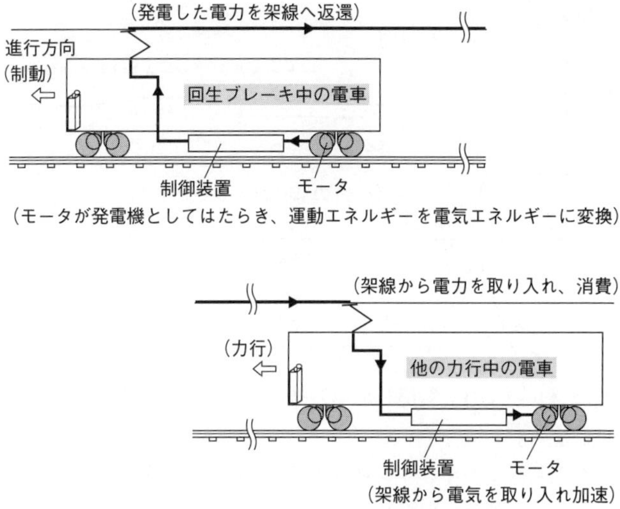

図8-13　回生ブレーキの原理

用される。また安全性も考慮して、一般に非常ブレーキ時には回生ブレーキは動作せず、常用ブレーキの時だけ動作するように設計されている。

◆回生ブレーキと空気ブレーキの協調制御

回生ブレーキと空気ブレーキを併用する場合は、両者の協調を図る、電空ブレンディング（電空協調）制御を行う。

常用ブレーキには、省エネ効果が高く、制輪子や車輪踏面の摩耗が少ない回生ブレーキを、できるだけ動作させる。

次ページ図8－14で説明しよう。ブレーキ指令によって、まず空気ブレーキが立ち上がり、遅れて立ち上がる回生ブレーキ力の増加に応じて空気ブレーキ力を弱める。回生ブレーキが必

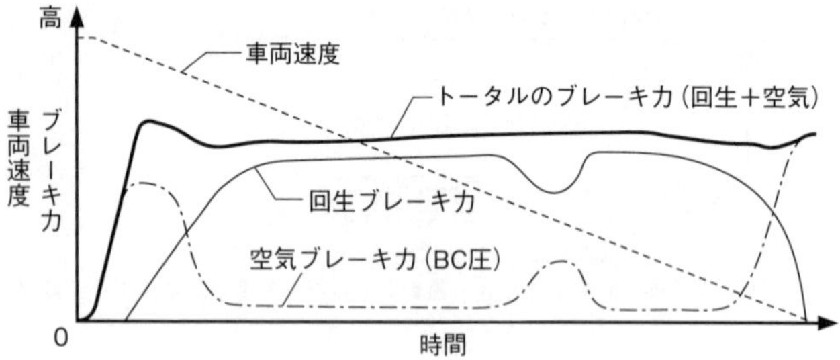

図8-14　回生ブレーキと空気ブレーキの協調

要なブレーキ力を発揮している時は、空気ブレーキ力はほぼゼロにする。

ただしブレーキシリンダ圧力は、制輪子が車輪踏面に軽くさわっている状態を保たせることで、回生ブレーキ力が減少した時には、ただちに空気ブレーキ力を発揮できるようにしている。この時のシリンダ圧力を初込め圧力という。

一時的に回生電力の消費が少なくなって回生ブレーキ力が低下する（同図の中の凹み部）と、ただちに空気ブレーキシリンダ圧力を立ち上げ（凸状の部分）て、不足するブレーキ力を補足するのである。

◆遅れ込め制御

ブレーキはＭ車とＴ車を組み合わせたユニットで制御される。指令されたブレーキ力が小さい時は、Ｍ車の回生ブレーキ力でユニット全体のブレーキ力を負担する。大きなブレーキ力が指令されると、ユニットとして不足するブレーキ力を、Ｔ車の空気ブレーキ力で補足する。「回生ブレーキに遅れて」機械ブレーキに補足させるから、これを遅れ込め制御という。

近年では、VVVFインバータ制御装置が導入されて、M車の電気ブレーキ力を粘着限界近くまで発揮できるようになり、遅れ込め制御をより有効に利用できるようになった。

この時、回生電力を使う車両がないなどで回生ブレーキ力が減少した場合は、粘着限界まで余裕が大きいT車でまず補足する。それでもブレーキ力が不足するなら、M車の空気ブレーキで補足する。これを“T車優先遅れ込め制御”という。

◆列車情報管理装置によるブレーキ指令

最近では、上述のようなMTユニット単位に留まらず、編成全体の情報を一括管理し、ブレーキや力行の制御も行うよう設計された車両が主流になってきている。TIMS（JR東日本）、TIS（東京メトロ）、TIOS（小田急）などと称する列車情報管理装置である（228ページ参照）。

列車情報管理装置に入力される指令は、運転士のハンドル操作やATSなどの保安装置からの指令、ATO（自動列車運転装置）やTASC（列車定点停止装置）などの運転支援装置からの指令がある。

また、乗客数によって大きく総重量が変化するので、空気バネの圧力が乗車率の目安として入力される。

列車情報管理装置は、こうした情報とブレーキ指令に応じて、編成内の各VVVFに対し、できるだけ回生ブレーキを動作させるよう指令を出す。

しかし架線電圧や走行速度、滑走の有無などの状況は常に変動する。こうした状況により、各VVVFは、必ずしも列車情報管理装置からの指令通りに回生ブレーキを動作させることはできない。

そこで各VVVFは、列車情報管理装置からの指令に対して、回生ブレーキをどの程度動作させることができたかの情報を返す。列車情報管理装置では、各VVVFからの回生ブレーキの動作情報の総和から、編成全体でどのくらいブレーキ力が不足しているのかをリアルタイムで算出する。

こうして算出された不足しているブレーキ力が、空気ブレーキとして各車に配分指令され、その指令に応じたブレーキシリンダ圧力が動作するのである。

◆協調制御の課題

回生ブレーキと空気ブレーキでは、指令を受けてからその力の上昇・下降速度が違う。そのため回生ブレーキ力が急激に変化した際、空気ブレーキが速やかに対応できず、一時的にブレーキ力が過大または過小になることがある。

この課題は、通常では運転士の操作で対応可能な程度である。しかしホーム柵のある駅では、停止位置が±50cm程度という厳密な範囲を要求される。そのような場合には、この一時的なブレーキ力の変動が問題になる時もある。

また、このようなブレーキ力の変動は、連結した車両同士が押し合うこと（前後の衝動）にもつながるうえ、走行環境によってブレーキ力が大きくばらつくことにもなる。

この衝動やブレーキ力のばらつきは、列車情報管理装置やブレーキ制御装置、VVVFインバータで用いられている制御上のパラメータによって抑えることができる。しかし実際に車両を何度も走行させないと、適切なパラメータを設定するのはむずかしい。

第9章

絶対安全に止めるシステム

写真提供／阪急電鉄（株）

9-1 自動列車停止装置（ATS）

◆大事故の教訓

電車はレール上を走ることしかできない。そのため前方に異常が発見されたら、できるだけ短い距離で停止する必要がある。また駅停車時や曲線走行時には、状況に応じて適切にブレーキをかけ、行き過ぎや制限速度オーバーを防ぐ必要がある。

一般的にこうしたブレーキの操作は運転士が行う。しかし残念ながら、過去の鉄道事故を振り返ってみると、すべて運転士の判断に任せるのでは、鉄道の安全は保たれないことは明白である。

たとえば1962年5月に発生した旧国鉄・常磐線三河島での列車脱線衝突事故（死者160人、負傷者296人）は、運転士の信号見落としが原因だった（写真9－1）。

また1988年12月には、国鉄民営化後、乗客に初の死者を出した中央線東中野での列車追突事故（運転士1名と乗客1名死亡、116名が重軽傷）が起きている。

運転士が何らかの理由で、停止信号に従わず、後述するATSの作動に対しても相応の措置をせずに進行した。そのため見通しが悪い現場で停止中の先行列車に気付くのが遅れて、事故が起きたと見られる。

安全の決め手が人間であることは今日の鉄道のシステムでも変わりはないが、ミスをしない人間はいない。安全な鉄道として、どうしても起こしてしまう人間のミスを最後にフォローしてくれているのが、これから述べるATSやATCなどの保安装置である。

写真9-1
旧国鉄・常磐線
三河島事故

◆車内警報装置の導入

ATS（Automatic Train Stop：自動列車停止装置）は、地上からの信号を車上で受け取って、文字通り自動的に列車を停止させるための装置である。

ATSの歴史は古く、1927年に東京地下鉄道（現・東京メトロ）銀座線で機械式ATSが実用化されている。さらに第二次大戦の混乱期に、信号見落としによる衝突事故が多発したため、1950年頃、旧国鉄で車内警報装置の導入が本格的に検討され、実用化試験が行われた。

車内警報装置は、停止信号に近づいた場合に、信号機の手前で停止できる距離のある地点で警報を発し、運転士にブレーキをかけるよう促す装置である。

さらに三河島事故をきっかけに、警報を発するだけではなく、自動的にブレーキをかけるATSの設置が1960年代に旧国鉄で一気に進んだ。さらに私鉄でも事故が相次いだため、1967年にはATS設置が全面的に義務付けられた。

◆打子式ATS

地上から信号機情報を車上に伝える方式には、機械式と電子式がある。現在はすべて電子式だが、機械式も着実堅牢なところから、日本では2004年まで使われていた他、一部のモノレールでは今も健在である。

とくに地下鉄は急勾配・急曲線が連続したトンネル内を走るため、信号機の見通し距離が短い。何らかの理由で運転士が信

写真9-2　打子式ATS

写真提供／東京地下鉄㈱

号機の示す赤、黄、緑の信号（信号現示）に従えない状況も想定される。そんなことから、異常時に列車を停止させる機能の重要性が、地上の鉄道以上に古くから認識されていた。

東京地下鉄道（現・東京メトロ）は、1927年に浅草～上野間に日本で初めての地下鉄を開業するにあたって、すでに外国で実用化されていた打子式自動列車停止装置（打子式ATS）を採用したのである（写真9－2）。

このATS では、打子（トリッパ）がついた自動列車停止機がレール脇に配置してある。信号が“進行”の時には打子は倒れているが、“停止”や“制限”の時には起立している。打子が起立していると、それが台車に取り付けたトリップコック（突《つき》当弁《あたりべん》）を叩き、非常ブレーキが作動して急停止させる。

この方式は、構造が簡単で故障も少なく信頼性が高かったことから、東京メトロ銀座線では1993年まで、丸ノ内線では1998年までの長きにわたって使用された。

9-2　電子式ATSの仕組み

◆ATS－S（点制御式）

三河島事故後に旧国鉄で広く導入された、最初の電子式ATSである。これを出発点に、以後ATSは飛躍的に発展してきた。

ATS－Sは、停止信号の手前で列車が停止できるよう、その信号機に対応して設置した送信装置（地上子）上を通過する列車に、130kHzの停止信号を送信する（次ページ図9－1）。

列車の先頭部に搭載された受信装置（車上子）がこの信号を

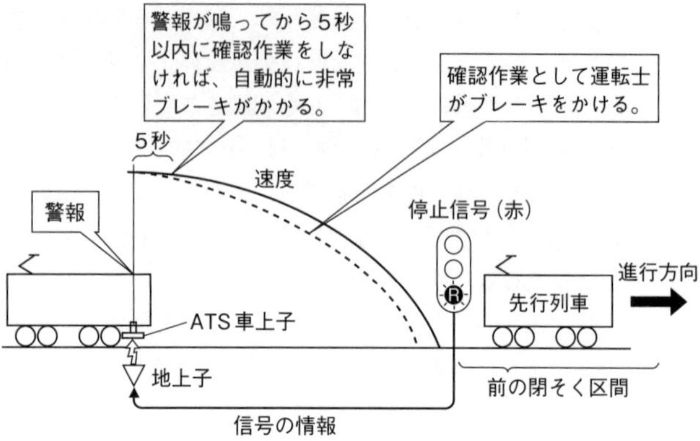
警報が鳴ってから5秒以内に確認作業をしなければ、自動的に非常ブレーキがかかる。
確認作業として運転士がブレーキをかける。
5秒
速度
警報
停止信号（赤）
進行方向
先行列車
ATS車上子
地上子
前の閉そく区間
信号の情報

図9-1　ATS–Sの仕組み

受信すると、運転台では警報が鳴り、さらに5秒以内に運転士が確認作業（ブレーキ操作＋確認ボタンを押す）をしないと、自動的に非常ブレーキがかかって、信号機の手前で列車が停止する。

5秒以内に運転士が確認作業を行うと、警報は鳴り止み、非常ブレーキが動作することはない。

点在する地上子で制御するので点制御式という。

なお、図にある「閉そく区間（閉塞区間）」とは、信号と信号の間の、一列車しか存在してはならない区間である。

◆ ATS－S改良タイプ（点制御式）

ATS－Sでは、運転士が確認作業を行うと、それ以降はATSとしての機能は完全に失われてしまう。

そこで、さらに信号機寄りに2つめの地上子を設けて123kHzの停止信号を出し、列車がその上を通過すると、ただ

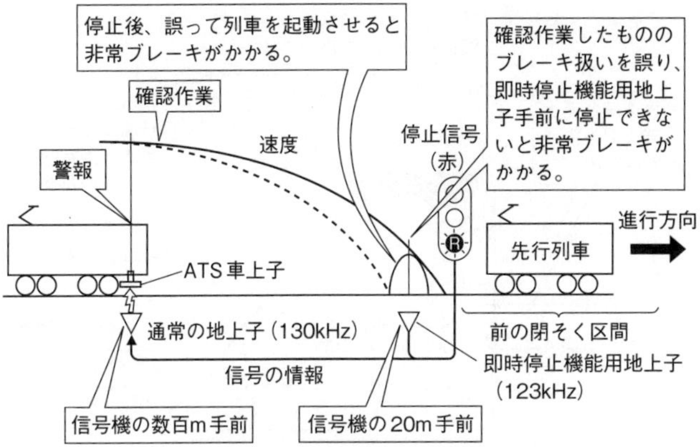

図9-2　ATS-S改良タイプの仕組み

ちに非常ブレーキが動作するようにした（図9－2）。

ATS－S＊とよばれていて、＊はJR各社が決めたアルファベットである。

さらに民間鉄道のATS－S改良タイプでは、速度照査機能をもっている。2つの地上子を通過する時間から、車上のATS装置が列車の速度を算出し、進行、注意、停止など信号現示に対応する制限速度以下かどうかを調べる機能である。

◆ATS－P（点制御式）

ATS－S改良タイプでは、速度照査用の地上子を多数配置しないと、前述の123kHzを送信する地上子を通過する時点での速度が大きく超過している場合には、非常ブレーキが動作しても、信号機の手前に停止することができない。

また、最初に130kHzを送信する地上子を通過する際には、たとえ安全速度でもいちいち警報が鳴ってしまう。さらに、列

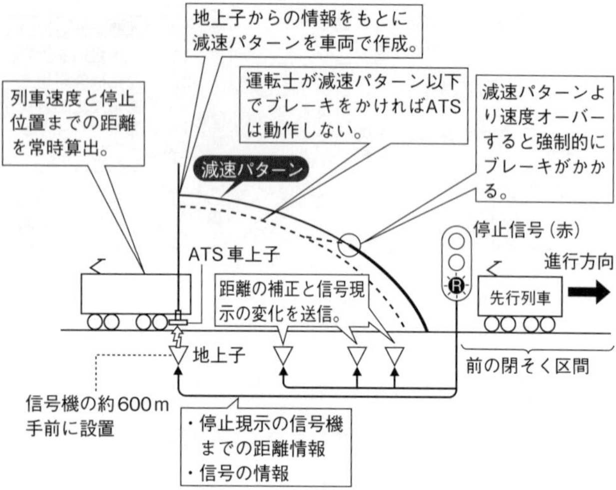
地上子からの情報をもとに
減速パターンを車両で作成。
列車速度と停止
位置までの距離
を常時算出。
運転士が減速パターン以下
でブレーキをかければATS
は動作しない。
減速パターンよ
り速度オーバー
すると強制的に
ブレーキがかか
る。
減速パターン
停止信号（赤）
ATS車上子
進行方向
R
先行列車
距離の補正と信号現
示の変化を送信。
地上子
前の閉そく区間
信号機の約600m
手前に設置
・停止現示の信号機
までの距離情報
・信号の情報

図9-3　ATS-Pの仕組み

車密度を高くしたい線区では、このタイプでは限界があった。

これらの欠点を解消するためにATS－Pが開発された。その大きな特徴は、速度照査といって、走行速度と信号現示の制限速度とを常に照らし合わせている点である（図9－3）。

地上子を通過する際、地上子からは信号現示の他に、停止位置までの距離情報も受信する。車両側では受信した情報をもとに減速パターンを作成し、この減速パターンを超過しない限りATSによるブレーキは動作しないし、警報も鳴らないようにしてある。

走行速度が減速パターンに近づくと、運転台ではベルがチンと1つ鳴り（単打ベル）、パターンに近いことを示す表示灯が点灯する。そしてパターンを超過すると、また単打ベルが鳴るとともに、ATSによる常用最大ブレーキが動作する。

距離情報の補正と信号現示の変化を送信するため、信号機までの間に地上子は複数個設置されている。

またATS - Pでは、曲線や分岐器に対する制限速度と現在の速度を照らし合わせる照査機能もある。

◆ 多変周連続速度照査式ATS（点制御式）

近畿日本鉄道、小田急電鉄などで採用されている方式だ。

地上子からは、5～6種類の信号現示ごとに定められた周波数が送信される。車両側では受信した周波数から信号現示を判断し、次の地上子を通過するまでその状態を保持する。走行速度がその速度を超えると、信号現示に応じて常用最大ブレーキか非常ブレーキが動作する（図9 - 4）。

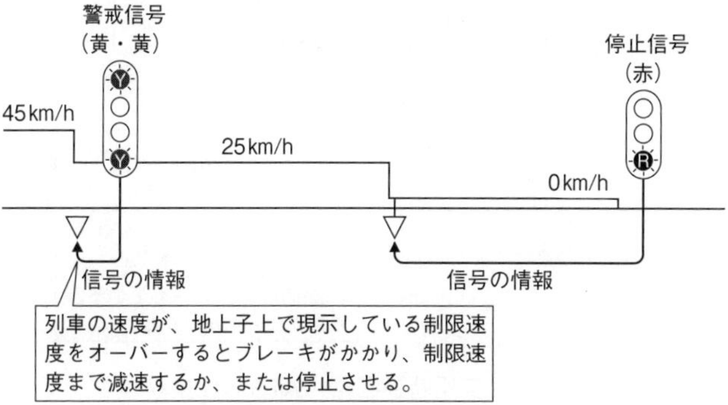

図9-4　多変周連続速度照査式ATSの仕組み

この方式は速度が細かく設定できる。しかし点制御であるため信号が変わって制限速度が上がっても、次の地上子を通過するまでは低い速度に制限されてしまう欠点がある。

◆商用軌道回路式ATS（連続制御式）

京浜急行電鉄、都営浅草線、京成電鉄などで採用されている私鉄の中ではもっとも古いATSで、1号型ATSともよばれる。商用周波数（50Hzまたは60Hz）を用いた方式である。

この方式では、地上子と車上子の送受信ではなく、レール（軌道回路）に流した信号を車上で受信する。走行中に常に信号情報を得られる。このため連続制御式という。

レールに常に50Hzの信号を流しておき、その信号を一定時間遮断（停電）させることで、車上に信号現示する。0.8秒の遮断で45km/h制限、3秒の遮断で15km/h制限となっている（図9－5）。

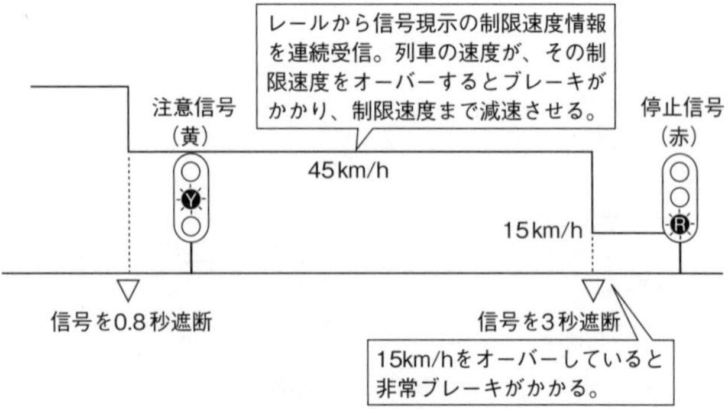

図9-5　商用軌道回路式ATSの仕組み

この方式は速度が2段階しかないため、必要以上にブレーキがかかってしまうという問題がある。そこでアナログ伝送ではなく、デジタル伝送により高機能化をはかるC－ATS化が進められている。

C－ATSの「C」は、Common（共通：相互乗り入れ各社共通の車上装置)、Continuous（連続)、Control（制御）を意味する。

◆ AF軌道回路式ATS（連続制御式）

阪神電鉄、相模鉄道、西武鉄道などで採用されている。この方式では、現示信号を送る搬送波に可聴周波数（AF：Audio Frequency）の1500Hzを用いている。

走行中、常に情報が車上側に送信されるが、前述の商用軌道回路式ATSのように信号を遮断させるようなことはしていない。現示信号に応じた信号波を1500Hzの搬送波に載せて軌道回路に送信する。車上で受信して現示信号情報を取り出す（図9－6)。

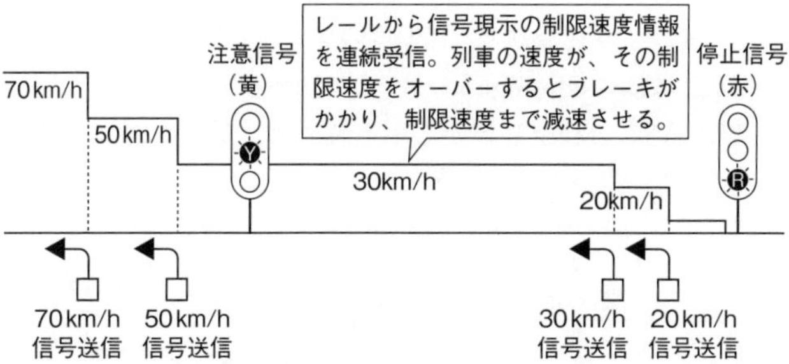

図9-6　AF軌道回路式ATSの仕組み

次に述べるWS－ATCとほとんど同一の機能である。

またATS－P（215ページ参照）で述べたように、信号情報に基づいて減速パターンを作り、それと走行速度と照らし合わせ、必要に応じてブレーキをかけたりゆるめたりするようにした改良方式もある。

9-3 ATCの仕組み

◆地上信号方式ATC（WS－ATC）

自動列車制御装置（ATC：Automatic Train Control）が日本で初めて登場したのは、1961年の営団地下鉄（現・東京メトロ）日比谷線の開業時である。

開業にあたり、初めて他社線との相互直通運転が計画された。先に開業した銀座線・丸ノ内線で打子式ATSの信頼性は十分に示されていたが、車上のトリップコックが、直通運転先の車両限界（78ページ参照）をはみ出すなどの問題が生じた。

そこで、より運転効率と保安度の高い地上信号式ATC（WS－ATC：Way side Signal－ATC）が開発された。

WS－ATCの地上装置から車上装置のブレーキ制御までの概略を図9－7に示す。

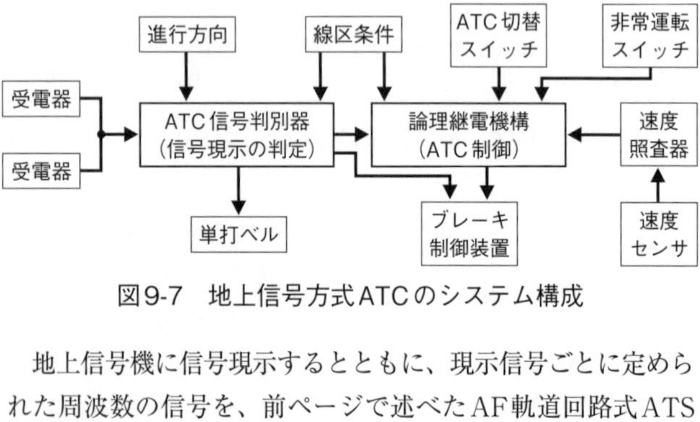

図9-7　地上信号方式ATCのシステム構成

地上信号機に信号現示するとともに、現示信号ごとに定められた周波数の信号を、前ページで述べたAF軌道回路式ATSと同様に、AF波に載せてレールに流す。この信号は、先頭車軸左右それぞれの車輪前方の車上に設けられた2台の受電器により受信され、信号判別器に送られる。

信号判別器では、ATC信号から信号条件を取り出し、論理継電機構においてその信号条件と電車の速度情報とを比較（速度照査）し、必要に応じて自動的にブレーキをかけたりゆるめたりさせる。

こうして走行中に連続した速度制限が可能となった。列車が制限速度を超えると、即座に自動制御で制限速度以下まで減速または停止させられる。

当時のATSは、路線上の限られた地点で速度制限をかける点制御システムだった。これに比べてWS－ATCでは、より保安度の高いシステムになった。

◆車内信号方式ATC（CS－ATC）

しかしWS－ATCでは、基本的に運転士が線路脇の信号機の現示を確認して運転する。そのため、走行速度に応じた信号機の見通し距離が必要とされる。また濃霧や降雪、日差しなどの影響を受けやすい。路線によっては、WS－ATCは、その機能を十分に活用しにくいシステムである。

さらに高速運転を目指した新幹線では、レール脇に立つおなじみの信号機では、運転士が確認するのはむずかしい。そこで1964年開業の東海道新幹線には、1957年頃から研究開発されてきた、運転席に信号現示される車内信号方式ATC（CS－ATC：Cab Signal－ATC）が採用された。

新幹線以外で初めてこのCS－ATCが採用されたのは地下鉄で、1969年の名古屋市営地下鉄名城線である。地下鉄は急勾配、急曲線が連続したトンネル内を走るため、信号の見通し確認距離が短いので、CS－ATCはうってつけだった。

◆CS-ATCのシステム

図9-8にCS-ATC車上装置における信号処理の流れの一例を示す。図9-7のWS-ATCとの主な違いを灰色枠で示している。

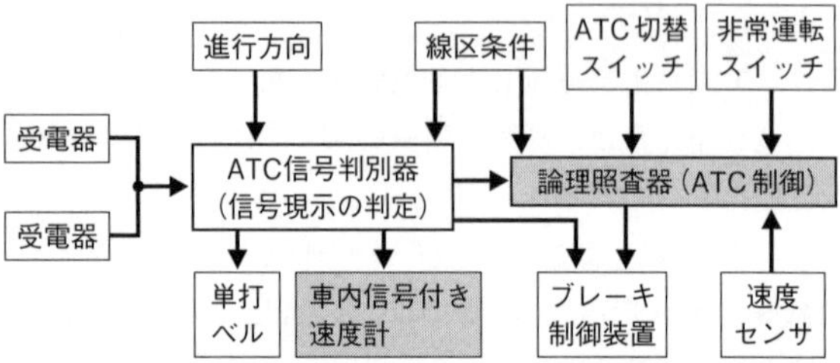

図9-8　車内信号方式ATCのシステム構成

WS-ATCと同様に、レールに流される信号を車上2台の受電器で受信し、信号判別器に送る。

信号判別器では信号の現示を判定して、論理照査器に伝えるとともに、車内信号付き速度計に信号を表示する。

WS-ATCの機械式リレーで構成されていた論理継電機構と速度照査器は、電子化、マイコン化することで論理照査器としてコンパクトに集約された。論理照査器で、信号判別器から得られる信号情報と速度発電機から得られる速度情報を比較し、状況に応じたブレーキ制御を行う。

前述のWS-ATCは、運転士の操作による速度制御を優先しており、ATC装置はあくまでも運転士のバックアップとして位置づけられたシステムである。

これに対してCS-ATCは、閉そく区間ごとに制限速度を運転台に表示するとともに、ATC装置でその制限速度と走行速度を比較して、自動的にブレーキをかけたりゆるめたりする機械優先のシステムである。

CS-ATCでは、先行列車との間隔は、制動距離を確保すればよい。このため、保安度を確保したうえで、より多くの列車を走らせることが可能となる

またWS-ATCでは、信号機を閉そく区間ごとに線路脇に配置する必要があり、その保守・管理には人手や作業の安全上の問題などが多かった。しかし車内信号式とすることで、分散していた機器を集約化でき、保守作業の大幅な改善が図られる。

◆一段ブレーキ制御方式ATC

従来型のATCでは、閉そく区間ごと段階的に制限速度が設定されている。先行列車に接近すると、ATCによって閉そく区間ごとにその制限速度まで速度を低下させられるので、ブレーキをかけたりゆるめたりを繰り返すこととなり、乗り心地が悪くなる。また、必要以上に速度を低下させてしまい、所要時間を延ばしてしまう。

さらに、混雑区間などで列車間隔を縮めようと閉そく区間距離を短く割り付けると、ブレーキをかけたりゆるめたりする回数がますます増えてしまう。

このような状況から、1991年に東急電鉄の田園都市線と新玉川線（当時）では、乗り心地の悪化を抑制しながら運転間隔の短縮を実現し、輸送力増強を図るため、新たに一段ブレーキ制御方式ATCを開発した。

一段ブレーキ制御方式ATCでは、ブレーキ作動が滑らかになる（次ページ図9-9：東京メトロ銀座線の例）。

地上から車両へ2系統の信号の組み合わせにより情報を与えて、制限速度を5km/h刻みで設定できる。また閉そく区間を

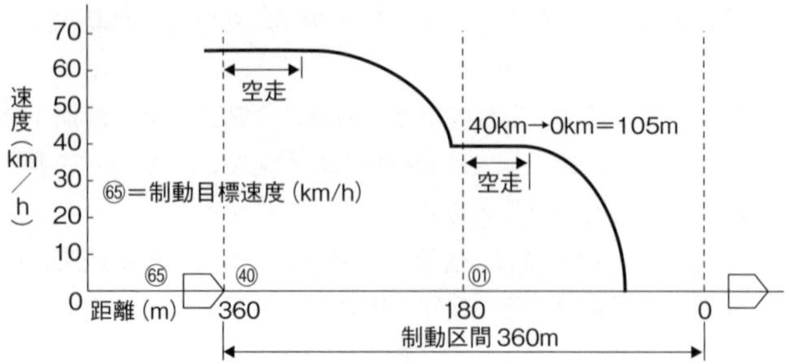

(a) 従来型CS-ATCにおける運転曲線

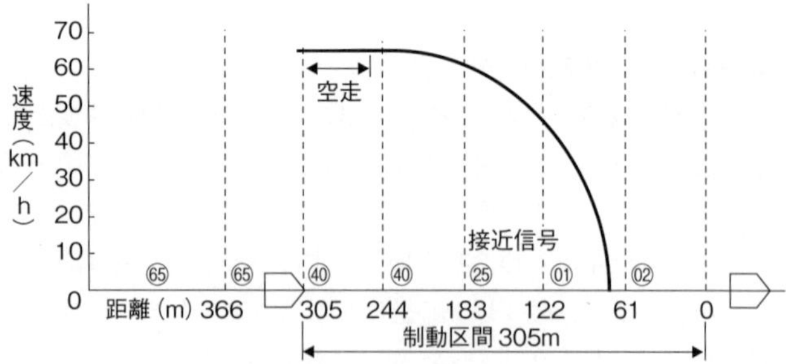

(b) 一段ブレーキCS-ATCにおける運転曲線

図9-9　一段ブレーキ制御方式の仕組み

数十m程度まで短縮したことにより、制限速度の指定を従来型のATCよりきめ細かに行えるようになっている。

さらに、車内信号機に前方制御予告信号表示灯の機能を加えている。これによって運転士は、制限速度のより低い前方区間に進入する際は、事前に減速して、滑らかな一段ブレーキを実現している。

◆アナログからデジタルへ

ATC装置はソフト・ハードともに進歩してきた。地上・車上装置のいずれも、内部処理はアナログ方式からデジタル方式に移行している。

ところが近年まで、地上〜車上間の信号送受信で使われているATC信号波は、アナログ伝送方式を使ってきていた。アナログ方式では、現示信号ごとに信号波を必要とするので、情報量の追加の要求に対して、これまで以上の信号周波数を割り付けることに限界が生じてきた。

そのような状況から最近のATC波は、より多くの情報を少ない信号周波数で授受するため、デジタル符号化するものが出てきた。

これによって、単に多情報化が図れるだけでなく、信号追加への柔軟な対応やデータ変換の効率化から、システム構成機器の機能集約、安定で無駄のないシステムが構築できるようになった。

◆車上主体型のD－ATC

これまで述べてきたATCでは、地上からの信号によって、車上のATC装置が制限速度と自列車の走行速度を比較してブレーキの制御を行う地上制御型ATCだった。

この地上制御型ATCは、

①運転時間の間隔の短縮が閉そくの割り付けに大きく依存する。

②先行列車に近接したときの速度制限は、最悪条件下（もっともブレーキ性能の劣る列車）でも安全に先行列車のいる閉そく区間の手前に停車させるため、きつめの制動をして、実際には先行列車のかなり手前に停車することが多くなる。

――などの限界があった。
　このような状況を背景にJR東日本では、山手線、京浜東北線向けに車上主体型のD－ATC（Digital－ATC）を開発した。
　D－ATCは、地上から先行列車までの距離を地上・車上間のデジタル送信で列車に伝送し、車上でブレーキパターンを作ってブレーキを制御し、確実に列車を停止させる。
　地上制御型では、それぞれの列車の性能が分からないまま、ブレーキのパターンを指定する。これに対してD－ATCは、列車自身のブレーキ性能を把握しているため、その性能に応じたブレーキパターンで制御することができる。これによって、乗り心地がよくなり、列車間隔も縮めることが可能になった。
　このようなことから車上主体型ATCは、同じ線路の上を、多くの種類の車両が混在して走行する区間に有効な方式である。これは長らく鉄道信号の基本とされてきた、1区間に1列車とする「固定閉そく」が当てはまらない、列車間の間隔を確保する「移動閉そく」という新しい概念のATCである。

第10章 徹底して安全を守る装置

写真提供／阪神電気鉄道（株）

10-1 列車情報管理装置

◆電車の「脳」と「神経」

1980年代に入る頃から、主回路の異常検知・記録を目的としたモニタ装置が搭載され始めた。当時の電子技術では多くの記録を残すことができず、異常データをトリガとした数個の記録を残すのがやっとだった。

その後の技術の進歩により、1本の電線で多数の信号をやり取りできるようになり、1990年代に入ると、車両の運転および搭載機器の動作に係る情報を集中管理することにより、乗務員の補助、機器の保守、乗客サービスを効果的に行えるようになった。

2000年代に入るとさらに技術革新が進み、モニタ装置をより進化させた列車情報管理装置が開発された。

列車情報管理装置は、車両のあらゆる機器からの情報を収集し、その情報によりさまざまな装置に指令を出す働きをしている。人間にたとえると脳と神経にあたるだろう。

人間が身体を動かすには、五感器官が感知した情報が神経を通じて脳へ集約され、脳がどのように対応するかを判断し、その指令がまた神経を通じて筋肉や臓器などに伝わり、その結果、体がさまざまに働く。

たとえば列車情報管理装置を搭載した電車が加速する時には、運転士が扱うマスコンの動きや、車両ごとの乗車率などをデジタル信号へ変換し、伝送線を通じてコンピュータへ集約する。コンピュータはそれらの情報を処理・演算し、その列車の現状で最適な運転制御となるように、VVVFインバータ制御装置へ指令を出力し、それによって電車は加速していく。

つまり、脳に相当するのがコンピュータであり、神経に相当するのが伝送線である。

電車の「脳」に相当する列車情報管理装置の働きは、大別すると6つの機能に分けられる。①モニタリング、②検修支援、③乗務員支援、④制御指令伝送、⑤車両統合制御、⑥乗客サービスの機能である。

◆モニタリングと検修支援

モニタリング機能は、いくつもの重要な機器と伝送線を通じてリアルタイムに情報をやり取りし、それらが正常に動いているか、異常はないかを常に監視する機能だ。

検修支援機能は、モニタリングしているデータに異常があった場合に、それらのデータを記録しておき、異常の原因究明に役立てる機能である。

従来、試運転を行う際には電流計や圧力計、記録装置などいくつもの機器を仮設して、計測・記録しなければならなかった。列車情報管理装置なら1台でそれらをモニタリングでき、収集したデータもパソコン1つで表示できる。

また列車情報管理装置は、各機器が正常に動作しているかを点検する自己点検機能もある。これまでは、検査時に数名の係員で動作確認していた。しかし列車情報管理装置があれば、装置への指示・確認するオペレータが1名いれば、点検作業ができてしまう。

◆乗務員支援

通勤電車は長いものになると15両編成にもなり、乗務員室からすべての車両の状態を把握するのはむずかしい。そこで、

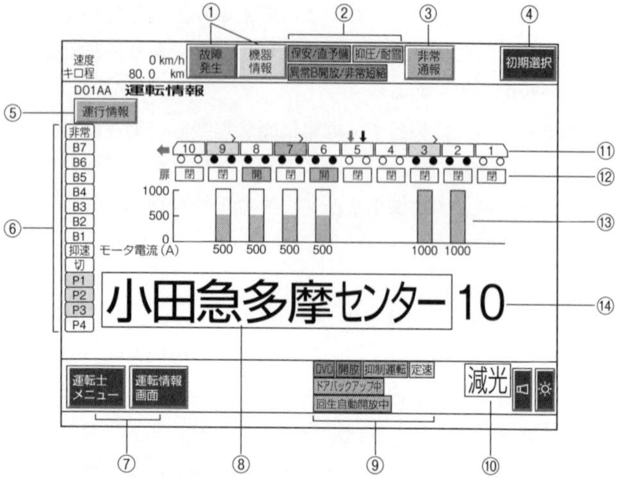

(a) 運転情報画面(運転士が通常見ている)

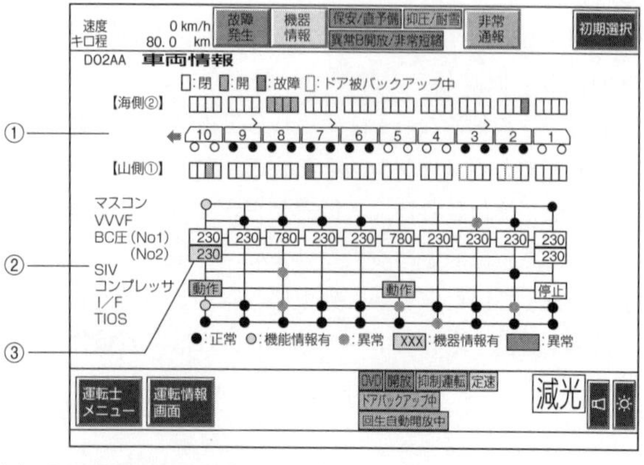

(b) 車両情報画面(運転士が必要に応じて見る)

図10-1 列車情報管理装置のモニタ画面例(乗務員支援機能)

列車情報管理装置が収集したデータを乗務員室のモニタ画面に表示する乗務員支援機能により、編成全体の状況が把握できるようにしている（図10－1）。

異常が生じた場合は、警告音とともに画面に表示する。さら

運転情報画面（図10-1a）

①車両異常発生時に警告音とともに点滅して異常を知らせる。
水色（機器情報）は軽度の不具合で通常運行が可能な状況。赤色（故障発生）は故障で最悪は走行不能。
②通常は扱わないスイッチを扱っていることを知らせる表示。
③車内の非常通報装置が扱われた時に警告音とともに点滅。
④画面切り替えボタン（タッチパネル）
⑤指令所から運行異常情報が発信された時に点灯し、車内表示器に表示することもできる。
⑥マスコン指令位置を表示。
⑦画面切り替えボタン（タッチパネル）
⑧次停車予告表示：次の停車駅手前400mあたりで、ブザーとともに点滅させて、誤通過を防ぐ。
⑨乗務員に知らせるべき内容を表示。
⑩前照灯を下向きにしたことを表示。
⑪その車両が力行中は水色表示、回生ブレーキ中は黄色表示。
⑫各車両の扉の状態を表示。その車両の全扉が閉まっていれば「閉」、一つでも開いていれば黄色背景に黒字で「開」。
⑬その車両に流れている電流値。力行は水色バー表示、回生ブレーキは黄色バー表示。
⑭次停車予告表示とともに点滅させ、自分の運転している編成両数を認識させ、停車位置間違いを防止する。

車両情報画面（図10-1b）

①各扉の状況（開・閉・故障・ドア被バックアップ中）を表示。
②各種機器の動作状況が把握できる。機器は上から、マスコン、VVVF、BC圧、SIV、コンプレッサ（空気圧縮機）、I/F、TIOS
③ブレーキ制御装置に不具合がある場合は背景色が変わる。水色は軽度の不具合、赤は故障。

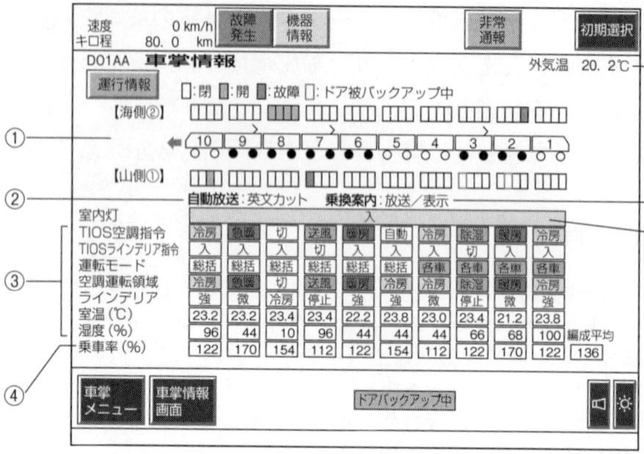

(c) 車掌情報画面（車掌が通常見ている）

①各扉の状況（開・閉・故障・ドア被バックアップ中）を表示。
②自動放送の設定を表示：設定は別画面で行う。
　カット：肉声での案内
　英文カット：日本語案内のみ
　ON：日本語・英語ともに放送
③空調関係表示：設定は別画面にて行う。
　上から、空調運転設定表示、ラインデリアの運転設定表示、実際の空調・ラインデリアの運転モード表示（自動運転に設定すると車内の状況から最適な運転モードをマイコンが選択する）、車内温度・車内湿度（これらの情報から車掌が運転設定を変更する場合あり）
④空気バネ内圧から算出した乗車率を表示。
⑤外気温：空調装置内部に搭載されている温度センサデータをもとに表示
⑥乗換案内設定表示：設定は別画面で行う。
　放送/表示：乗換案内をする
　カット：乗換案内を省略する（乗換先の終電が終わってしまった場合など）
⑦室内灯の入・切を表示。

図10-1(続)　列車情報管理装置のモニタ画面例(乗務員支援機能)

に、その異常にどのように対応すればよいかも表示させることもできる。

◆制御指令伝送

電車そのものを動かす力行指令、ブレーキ指令も、列車情報管理装置を通じて各機器へ送られる。またドアの開閉制御を行っている電車もある。

◆車両統合制御

これまで車両の制御は、個々の機器が独立して行っていた。これを列車情報管理装置で一元管理し、従来では不可能だったきめ細かい制御を行えるようにしたのが、車両統合制御機能である。

そのような制御には、たとえば編成ブレンディング制御がある。編成内の全車両の重さ（空気バネ圧力による乗車率測定）を集約し、編成全体として必要な力行／ブレーキ力を演算する。その演算結果をもとに、各車に最適な力行／ブレーキ力を分配し、それぞれのVVVFインバータ制御装置やブレーキ制御装置へ指令する。

こうした演算は、これまでは複数車両をまとめてユニットごとに演算していた。そのため乗車率に偏りがあると、各ユニットの負荷が過大になったり過小になったりしていた。しかし列車情報管理装置で統合制御すれば、負荷が均等化され、力行や回生ブレーキトルクを有効に使用できるようになって、省エネにもつながる。

ちなみに、先頭車両は雨水や汚れなどが付着したレールに最初に進入するので、滑りやすく、空転・滑走しやすい。そこで、この機能を使って先頭車両の負荷を下げ、その分を後続車両に負担させるという制御を採用している電車も登場している。

この他に、編成内の交流電源機器の負荷バランスを調整する制御も行っている。

コンプレッサの起動時には、通常動作時の数倍の電流が流れる。そのため圧縮空気用のコンプレッサと空調用コンプレッサを同時に起動させようとすると、大容量の補助電源装置が必要になってしまう。

しかし列車情報管理装置でそれぞれのコンプレッサを順次起動させれば、動作電流に見合った容量に抑えることができる。ちなみに安全面から、ブレーキの圧縮空気用のコンプレッサを優先的に起動させるようにしている。

◆乗客サービス

列車情報管理装置は、乗客に情報提供するサービス機器の制御も担当している。

運転台のモニタ画面で急行、快速など列車の種別、行先を設定すると、車内案内表示器、車外案内表示器、自動放送装置にその情報が伝えられる。列車情報管理装置は、あらかじめ把握している走行情報と照らし合わせて、次の停車駅の表示や案内の自動放送を行っている。

またモニタリング機能で収集された車内温度・湿度が車両ごとにモニタ画面に表示される。それによって空調装置の適切な運転条件の設定を行うことができる。

◆列車情報管理装置のシステム構成

従来の制御は、指令ごとに1本の電線を割り当てるパラレル指令方式だった。これでは車両全体のデータを1ヵ所に集約することは不可能に近い。しかし技術の進歩により、1対の伝送線（電線）で大量のデータを高速送信できるようになった。

従来、指令や情報は、電線の電圧の加圧・非加圧（ON・OFF）で伝えている。「ON・OFF」は「1・0」の2進数で表現することができる。たとえ情報が多くなっても、2進数の桁数を増やしていくだけで、電線を増やす必要がなく、大量のデータを瞬時に送信することができる。現在の列車情報管理装置の伝送速度は、10Mbpsに達している。

列車情報管理装置を導入したことにより、車両全体で部品数・配線が削減されて、車両の軽量化に寄与している。また情報の一元管理により、リアルタイムで車両状況を正確に把握することが可能になっている。

ただしコンピュータシステムを構成する装置は、劣化の程度をつかみづらい欠点がある。それをカバーするために、システム全体が二重化され、一つの系統が故障した場合でも、もう一方の系統を使うことでリスクの低減を図っている。

10-2　その他の安全を守る装置

◆デッドマン装置

鉄道では、異常時には「止めてしまう」ことで安全を確保するのが大原則である。運転士が急病などで運転できなくなった場合にも、同じようにブレーキをかけて止めてしまうシステムが設けられている。

その方法の一つが、マスコンから手を離すと非常ブレーキがかかるデッドマン装置である。気を失ったりして倒れた場合などに、即座に非常ブレーキが動作する。

デッドマン装置は安全を最重視した装置だが、少しでもマスコンの握りや押し付けが浅くなると、即座に非常ブレーキがかかってしまうため、運転士への負担が大きい欠点もある。

◆EB装置

デッドマン装置の運転士への負担を軽くするのがEB装置（EB device：Emergency Brake device）だ。こちらは、マスコンやブレーキ弁ハンドルを1分間動かさなかった時に警報音が鳴り、その後さらに5秒間リセット操作をしなかった場合に非常ブレーキを動作させる。

近郊の普通列車の場合、1分間操作をしない運転状況になることはあまりなく、運転士の負担も軽減されている。

◆列車無線

列車の運行を管理している指令所と各列車間で、常に連絡が取れるように搭載されているのが列車無線である。

列車内での異常や電車の異常などを、列車から指令所に連絡したり、沿線や周囲の列車の異常情報などを指令所から列車へ伝えたりして、列車運行の安全確保や円滑化を行うために使用されている。

◆防護無線

列車の脱線や線路の障害、踏切事故などの異常が発生した時には、後続列車や対向列車などを緊急停止させるための無線信号を発報・受報する防護無線がある。

電車に乗っている際に、「電車を緊急に止める信号を受けたため、ただいま停止しています」のような車内放送を聞いたことがあるだろう。これは、防護無線を受信したためである。

異常を発見した乗務員が発報ボタンを押すと、半径数km内の列車に対して防護無線信号が伝わり、受信した運転士が手動で非常ブレーキを動作させ、2次災害を防止する。

列車無線装置と防護無線装置が一体化されている場合も多い。また近年は、駅ホームの非常停止ボタンとも連動していて、ホーム上で危険が生じた場合にも列車を緊急停止させることができるようになった。

◆車両用信号炎管

前述の防護無線は、すべての線区に設置されているわけではない。そんな場合は、発炎筒を焚いて周囲の車両へ知らせる。

車両の運転台の屋根上に、無線アンテナと並んで丸い筒が突き出しているのが見られる（写真10－1）。これが鉄道で使われる専用の信号炎管装置だ。炎管の筒は運転室内まで突き抜け

写真10-1　車両用信号炎管

写真提供／小田急電鉄㈱

て取り付けられていて、先端に玉子大の赤い玉がついた引き紐がぶら下がっている（口絵参照）。

緊急事態が発生した時、乗務員がこの紐を引くと、内部の炎管を収納固定しているクラッチが外れ、上部にかぶさっているゴムカバーの内面にある衝撃板と発火具が衝突して着火し、屋根上に赤色の緊急信号炎を出す。

◆車両緊急防護装置（TE装置）

一部の鉄道では、1つのボタンを押すだけで、いくつもの緊急時の処置を同時に動作させることができる車両緊急防護装置（TE装置：one Touch operative Emergency device）を装備している。

この装置のボタンを押すだけで、非常ブレーキが動作し、防護無線が発報され、信号炎管が発炎し、汽笛が鳴り、パンタグラフが降下される。こうしていち早く安全を確保できるようになっているのだ。

◆ヘッドライトとテールライト

鉄道車両では、ヘッドライトを前部標識灯とよぶ。線路の前方監視よりも、列車の最前部を示す標識灯としての性格が重視されているためである。

前頭側の車両を示す前部標識灯は白色、後尾側の後部標識灯（尾灯）は赤色と定められており、前後を誤認させることがないように、これ以外の紛らわしい灯火をつけてはいけないことになっている。

前部標識灯は対向車両とのすれ違い時、まぶしさを防止するため、減光または照射方向を下向きに変える必要がある。当初は電球へ供給する電流を抵抗器で減じて暗くしていた。

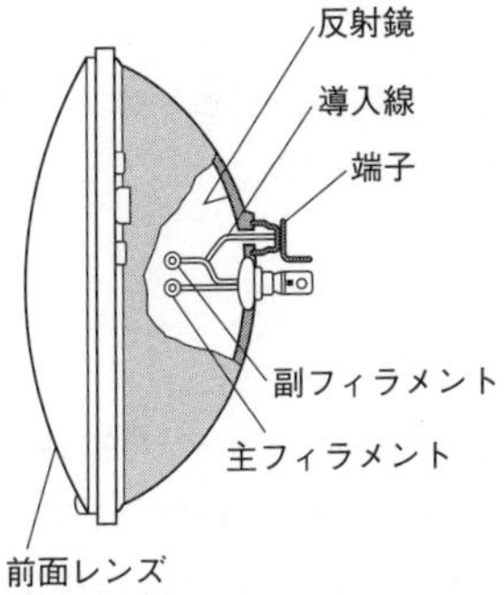

(a) シールドビーム電球

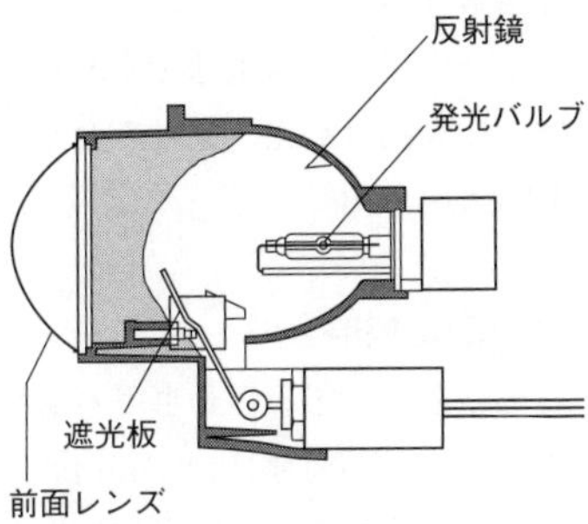

(b) 高輝度放電灯(HID)

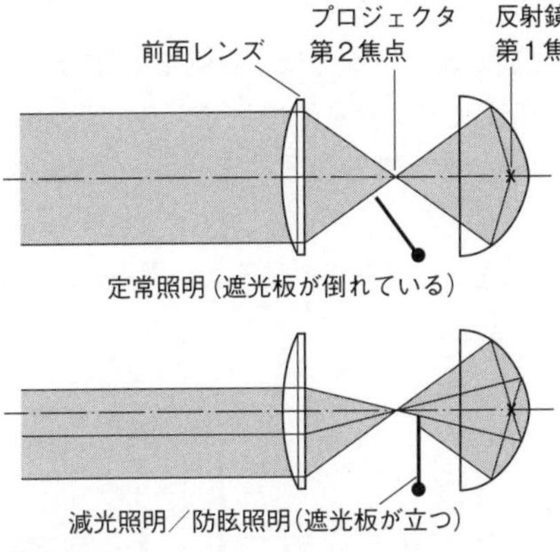

(c) HIDの減光方法

図10-2　前部標識灯の仕組み

自動車の前照灯用に開発されたシールドビーム電球は、ダブルフィラメントによる光軸変換や容易な取り扱いなど、性能の良さが評価されて、安価に大量生産されるようになった。自動車用の生産設備を利用できる、同じランプ構成の鉄道車両用シールドビーム電球が開発され、つい最近まですべての車両で採用されてきた。

シールドビーム電球でまぶしさを防ぐには、光源を副フィラメントに切り替え、光軸を変える方法が一般的だ（前ページ図10－2a）。

◆HIDの採用

しかし、近年、自動車用の前照灯がハロゲンランプや高輝度放電灯（HID灯：High Intensity Discharge lamp）などに変わっている。このため自動車用のシールドビーム電球の製造設備が廃棄され、それにともない鉄道車両用シールドビーム電球も生産中止になってしまった。

そこで最近の新型車両では、自動車用HID灯をもとに鉄道車両用に開発したランプを採用している（同図b）。

HID灯はハロゲン電球などに比べて、いくつもの点で優れている。

たとえば発光スペクトルを見ると、従来の白熱電球およびハ

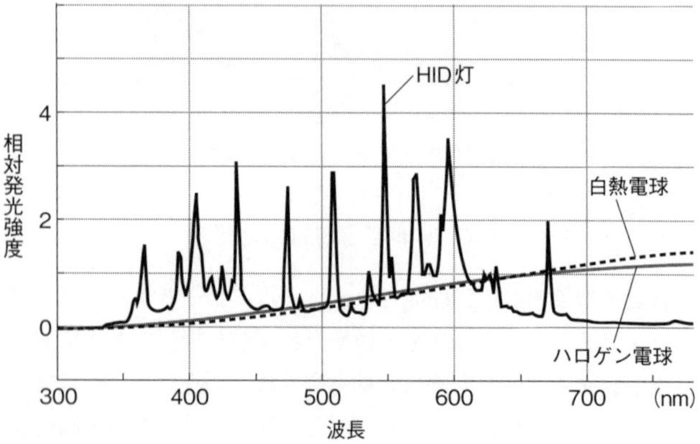

図10-3　発光スペクトルの比較

ロゲン電球は、波長の長い光成分が多いスペクトルである。一方、HID灯は各波長に平均的にピークのあるスペクトルで、しかも波長の長い光の成分が少なく、自然の光に近い白色光であることが分かる（図10－3）。

またHID灯は、光量が多いにもかかわらず、消費電力はシールドビームの4分の1以下の省エネタイプだ。

ただしHID灯は、点滅を繰り返すと連続使用時に比べて寿命が極端に短くなる。そのため、まぶしさを防止する方法として光軸を切り替えるのではなく、発光部分は1ヵ所にして常時点灯させておき、減光する時には電磁石で遮光板を立て、光軸の一部をさえぎるようにしている（図10－2c参照）。

この他に、HID灯を前傾させて光軸を下向きにする方式も用いられている。

◆LEDへの進化

一方、後部標識灯は1990年頃までは電球を光源とした赤色レンズの灯具が用いられていた。しかし電球切れによる交換作業が頻繁に必要なので、長寿命で保守作業が不要な赤色発光ダイオード（LED：Light Emitting Diode）に切り替わっている。

さらに一部の車両では、前部標識灯にも超高輝度の白色LEDを光源としたものが採用され始めている。

この方式では、粒状のLEDを基板に敷き詰めて発光面をつくるので、車体のデザインに合わせてさまざまな形状の発光面が開発・利用されている。

さらに、側引戸が開いていることを赤色に点灯して知らせる車側表示灯も、LED化が進められている。

車側表示灯は、従来、後部標識灯と同様に赤色ガラスの中に白熱電球を点灯させていた。この白熱電球を赤色LEDに置き換えることで、電球交換作業を大幅に少なくすることが可能になった。

また、赤色ガラスも透明ガラスに変更することができる。ガラスを赤色に発色させるのにはカドミウム金属を使う。カドミウムは環境を汚染する可能性もあるが、これを使わない透明ガラスなら、その心配はない。

赤色ガラスと白熱灯の組み合わせが、今後、透明ガラスと赤色LEDとの組み合わせに替わっていくことが、環境問題の面からも期待されている。

◆車内放送装置

車内放送装置は、行先案内など旅客サービスのためだけにあるのではない。

1951年4月の旧国鉄の桜木町事故（焼死106名、重軽傷92名）以降も火災事故は相次いだことから、1956年に旧運輸省から「電車の火災事故対策について」が通達された。その中で車両の不燃化・難燃化に合わせ「電車には、非常の際、旅客から乗務員に通報できる装置の設備」の設置を進める旨が明記された。

これをきっかけに、車掌から旅客への放送装置の設置も日本中の電車で進められた。すなわち車内放送装置は、非常の際の旅客案内を図るために採用されたのである。

その後、編成の最前部と最後尾に分かれて乗車している運転士と車掌の通話用にインターホン機能も追加された。さらに近年では、ホーム上の乗客に対する車外スピーカを搭載した車両もある。

なお、旅客サービスとしての放送装置については、次章で述べる。

第11章

至れり尽せりのサービス設備

写真提供／西日本鉄道（株）

11-1 車内設備の細やかな工夫

◆腰掛のサイズ

写真11－1は、日頃見慣れた通勤電車の車内である。しかしこれら設備にも、できるだけ快適な乗車時間を過ごせるように、じつにさまざまな工夫が施されている。その工夫の様子を、まず座席から見ていこう。

通勤電車用の長手腰掛（ロングシート）の寸法は、JISに、1人あたりの有効幅43.3cm、座面高さ43 cm、座面奥行き42 cmの参考値が示されている。

しかし近年は成人の体格が大きくなっているので、1人あた

写真11-1　通勤電車の室内設備（小田急4000形）

写真提供／小田急電鉄㈱

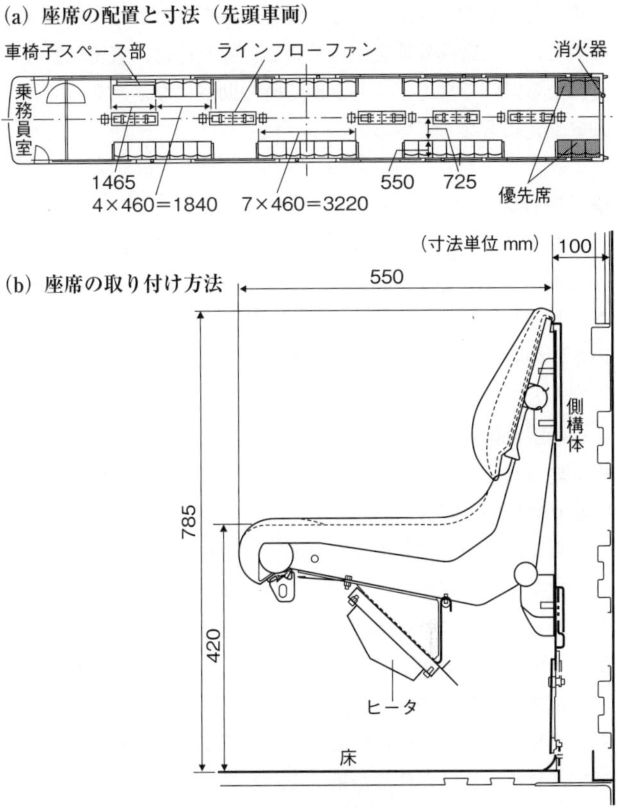

図11-1　座席の構造

りの座席幅はそれより大きい46cm前後の車両もある（図11－1）。

7人掛けのロングシートの中間部分では、どこが定数分の所定位置になるかが分かりにくい。そこで中央の1人分を色違いにしたり、1人分ごとに凹凸を設けたりするなどが採用されてきたが、満足できる方法ではなかった。

そこで最近は、3人と4人の境目、あるいは2人・3人・2人の境目に立ち席握り棒を設けている。握り棒は、着席位置の目安になるだけでなく、立ち上がる時の助けになり、立っている人の支えにもなっている。

◆そで仕切り

ロングシートの両端にはそで仕切りが設けてある。

以前、仕切りは立ち席握り棒と一体のパイプで構成していた。しかし仕切りの外側に立っている人の背中や尻が、座っている人の肩や頭に触れることがあって、お互いに不愉快な思いをするとの指摘があった。

その解決策として、座っている人の頭の高さ付近まで仕切り板を高くした。これは、座っている人がこれに寄りかかれるので眠りやすいと好評だった。

さらに、高い仕切り板は安全面でも優れている。

事故などで乗客が進行方向にはねとばされた状況を分析すると、座っている人の脇腹がパイプに衝突し、肋骨を骨折する事例の多いことが分かってきた。

事故の再現実験をしてみると、肋骨が折れるような衝突でも、平板状の仕切りなら丈夫な肩で衝撃を受け止めることができて、骨折が避けられる結果になった。

このため、今後設計する車両で仕切り板を検討する際には、最初からこれらの事故への備えも考慮される。

◆つり手

立っている人が握るつり輪は、一般に「つり革」とよばれているが、鉄道用語では「つり手」という。つり手や握り棒は、走行中に立っている乗客がよろけたり、転んだりしないために、安全性に配慮して設けられている。

つり手は、かつては成人男子の平均的な体格に合わせ、ほぼ一定の高さで取り付けられていた。しかし近年は、女性や高齢者にも配慮し、やや低い高さも組み合わせた車両が増えている。244ページ写真11 - 1でも、異なる高さのつり手が組み合わさっている様子が見て取れる。

つり手の握る部分（手掛）の形は、丸形、三角形、ホームベース形などがある。いずれも各鉄道会社が、握りやすさを検討したうえで採用している。

また、その色も白色、灰色、黄色、黒色などさまざまだが、これも車内の雰囲気とのバランスから選ばれている。

手掛の素材にはポリカーボネートが多く用いられているが、近年、抗菌成分を混ぜている例がある。

◆握り棒

側引戸や妻引戸の左右、シートのそで仕切り板などに、垂直方向の握り棒が設けてある。また車椅子用スペースには、壁に沿って手すりが設けてある。

さらに首都圏の通勤電車などのように混雑がひどい路線では、荷物棚の先端部にも握り棒を配置して、つり手とともに乗客の安全性にも配慮している。

垂直方向の握り棒は、大きな把握力を出せる寸法を調査した結果、直径25mm前後が指でつかんだ感触がよく力を出しやすいことが確かめられ、標準の太さとなっている。

一方、手すりを握って車椅子を移動させる時には、直径30mmが力を入れやすいことが確かめられている。

ロングシートの両端や座席の途中に立っている立ち席握り棒は、以前は、直線で垂直または少し斜めに取り付けられていた。それが近年の車両では、244ページの写真11－1でも分かるように、弓なりになっている。

この形なら、立っている人がつかむ位置では、棒が張り出してきているのでつかみやすく、車が揺れた時にも支える力は少なくてすむ。また座っている人も、立ち上がる時に、力を入れやすい位置を自然につかむことができる。

弓なりの握り棒は、急ブレーキなどの時、立っている人がぶつかることも予想される。そこで壁際の握り棒よりも太くして、ぶつかった時にも痛みが少なくなるように配慮されている。

さらに安全性に配慮して、棒にクッション材を巻き付けたり、黄色の樹脂材を巻き付けて、目立たせ、つかみやすくした車両もある。

◆設計強度

電車の腰掛やつり手、握り棒はどれくらいの重さに耐えられるのだろうか。

最近の腰掛は、座面下が空間になった構造（片持ち式）が多く採用されている（245ページ図11－1参照）。その腰掛のフレームの強度は、着席定数の位置に、それぞれ体重100kgの人が同時に静かに腰掛けても壊れないようにしてある（ただし、全員同時にドスンと座ると壊れるおそれもある）。

つり手は、やはり体重100kgの人が、1本のつり手に静かにぶら下がっても壊れないようになっている。とはいえ体操の吊り輪のように、反動をつけてぶら下がると、壊れるおそれがあるので、そのような使い方はしないこと。

荷物棚は、1mあたり100kgの荷物が載っても壊れないようにしてあり、さらに乗客がつかまる力にも耐えられるようなっている。

11-2 照明とラジオ受信・送信

◆車内照明

車両の客室蛍光灯は、架線からの直流電気を補助電源装置（SIV：133ページ参照）で交流に変換して点灯している。

その場合、架線が停電すると消えてしまうわけだが、出入口の天井付近に配置されている非常用蛍光灯（1両で2～4台）だけは、消えないようにバッテリにつながっている。

非常用蛍光灯にはインバータが備わっていて、それで交流に変換して点灯している。バッテリは、架線が停電しても30分以上点灯できる容量が確保されている。

架線電流が交流区間と直流区間にまたがる路線に使われる交直流電車では、架線電源の切換区間を通過する時、瞬間的に架線からの集電が途絶える。これによって蛍光灯が消えるのを避けるため、バッテリに供給するのと同じ回路から、すべての蛍光灯に直流を供給する車両もある。

ただしこの方式でも、非常灯を兼ねた蛍光灯は、専用のバッテリ回路で連続30分以上点灯できるように構成されている。

◆AM・FMラジオ受信・送信システム

乗車時に携帯ラジオでニュースや音楽番組を聴く楽しみもある。しかし車内では短いトンネルや沿線の建物、さらに金属製の車体などに電波がさえぎられたり、電車床下の電気機器類から発生するノイズ（電波雑音）で電波が乱されたりする。

一部の車両では、この雑音を排除して明瞭に受信できるよう、専用の輻射アンテナを設けている。

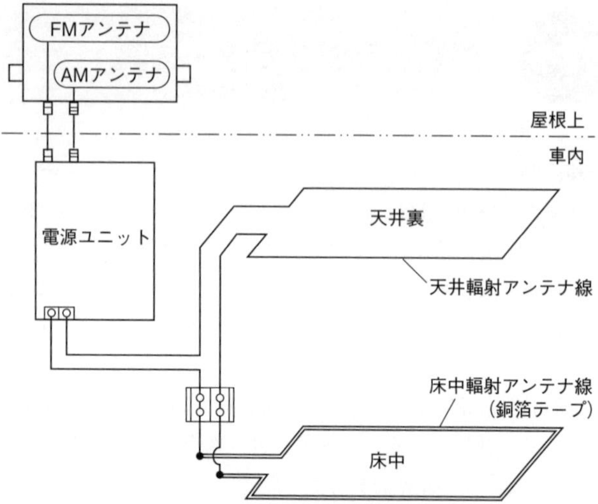

図11-2　放送電波の輻射方法

各車両の屋根上に四角いAM・FMアンテナ（おおむね幅40cm、長さ60cm、高さ10cm）で受信した放送電波を、増幅装置を介して、車内に敷設した輻射アンテナに安定して流す。輻射アンテナ線は、天井裏にループ状に配置する方法、つり手棒をアンテナに利用する方法などがある。小田急4000形では、天井とともに床敷物の下にもループ状のアンテナ線を敷設している（図11－2）。

ただし、そもそも放送電波が遮断されるトンネルでは、この装置があっても車内で放送を聞くことができない。したがって地下鉄区間でラジオ放送が聞けるのは、そのための設備を特別に準備した区間だけに限られている。

11-3 案内装置

◆車内案内表示装置

乗客が今どこを走行しているのかが分かるようにしてほしいという要望は、とくに地下鉄で古くから非常に高かった。そこで営団地下鉄（現・東京メトロ）では1984年に銀座線で、初めて出入口ドア（側引戸）の上にマップ式の車内駅名表示器（次ページ写真11－2a）を設けた。

この装置は、路線表示式のパネルに、列車の現在位置と進行方向、行先を発光ダイオード（LED）で点灯する。さらに車掌のドア開扉操作に合わせ、「こちら側のドアが開きます」という表示が点灯し、チャイムが鳴った。

駅数が多い路線では、多素子の発光ダイオードによる文字表示式の車内案内表示器で、駅名、行先、乗り換え情報、ドア開扉などの案内文をスクロール表示している（同写真b）。

この車内案内表示方法は好評で、地下鉄だけでなく多くの鉄道で採用されている。

さらにワンマン運転を行っている東京メトロ南北線では、これを上下2段表示とした。そこに列車情報管理装置であらかじめ記憶させた文章を、上下別々に固定表示やスクロール表示させて、駅情報の他に異常時案内、お願い案内、PRなどをしている。

そして2002年、東京山手線では車内表示の広告媒体としての可能性に着目し、液晶画面を用いた車内表示装置を採用した。動画の持つ広告効果を活用した非常にユニークな動画を車内で楽しむことができている。

(a) マップ式

(b) スクロール式

(c) 液晶式

写真11-2　車内案内表示装置

写真提供／東京地下鉄㈱

◆液晶ディスプレイの採用

最近では、多くの鉄道で液晶式車内表示装置が採用されている。画面サイズも従来の15インチから17インチワイドに大型化し、画質の向上や、広い範囲からくっきり見えるように広角化も図られてきている。

液晶化されたことにより、一度に伝達できる情報量が非常に多くなってきた。

仕様は各社でさまざまだが、一般的な構成としては、各ドアのかもい部分には液晶ディスプレイが2画面ずつ設置されている。写真11－2cは東京メトロ10000系の液晶ディスプレイである。

右側画面には、従来のLED式案内表示器と同様の路線図、駅名、行先、乗り換え、ドア開扉などの情報に加え、運行情報や駅出入り口情報なども表示している。左側画面には、広告動画や天気予報、文字ニュース等を放送している。

これらの情報のうち、運行情報は即時性が求められるので、電話会社提供の公衆回線などを活用して情報ネットワークを構築している。

広告情報についてJR東日本では以下の方法がとられている。広告情報は運行情報より更新周期が長いことから、地上のコンテンツ編集装置で編集する。

各列車への伝送は、初期には伝送速度が遅かったため、電車区に伝送基地を設け、電車が夜間に止められているうちに各車両に伝送していた。しかし現在は伝送速度が数百倍（100Mbps）となったので、伝送基地は拠点駅に設け、運行中に伝送されている。

◆車外案内表示装置

列車の行き先や、運行区間、路線名、運行番号などの情報を表示している車外案内表示装置も、時の流れとともに進歩している。見やすいだけでなく、より多くの情報を提供できるようになった。

現在、一般的に使用されている車外表示装置は、車内表示装置で用いられているのと同様のLED式である。

LED式は、表示する文字情報を追加するだけで、ある程度までは表示内容を自在に変更できて、旅客への迅速で柔軟な対応が可能となった。さらに最近では、列車の運行種別を見分けやすくするため、フルカラーLEDにして、急行は赤、快速は緑などのように、色を使い分けている車両もある。

◆放送装置

電車の放送装置では、音量調整がむずかしい課題になっている。車掌が客室内の騒音状況と照らし合わせながら、音量調整を行ってきた。しかし、たとえば車両の隅々まで聞こえるように音量を上げると、聞き取りやすい反面、うるさいという苦情も出る。

近年では、騒音量に応じて音量を自動調整する機能を備えた車内放送装置も登場してきた。当初は、乗務員室の放送装置に騒音センサを設けたりしたが、最近は、各車両内にセンサを設け、車両単位で自動音量調整ができるようになってきた。

また音質向上のため、スピーカもステレオなどで用いられているダイナミック形になった。スピーカの数も1両あたり4〜8個程度と当初に比べると倍増し、配置についても車内のどこでも一様に放送が聞こえるように工夫が凝らされている。

最近では当たり前になった自動放送は、アナウンサーの声をデジタル処理して記憶させ、再生する仕組みに進歩している。さらに列車情報管理装置（228ページ参照）との統合などにより機能は充実し、各種マナーや交通安全運動など種々の放送文を選択し、車内表示と連動して案内放送をすることができるようになった。

11-4　強力な空調装置

◆むずかしい通勤電車の冷房

通勤電車の冷房は1970年代から普及し始めたが、ほんの15年前までは、梅雨明けから秋口までの4～5ヵ月程度しか使用されていなかった。それが昨今では、厳冬期以外は使用されるようになったし、ラッシュ時には年間を通じて使われる路線もある。

しかし通勤電車で車内空間を快適に維持するのは、じつはたいへんむずかしい課題なのである。

新幹線や特急の車両では、定員着座（乗車）が前提条件で、ドアの開閉頻度が低く、さらに乗降口と客室がデッキ等により空間的に分離されているから、空調は比較的管理しやすい。

これに対して大都市圏の通勤電車は、朝・夕のラッシュ時には、定員の200％を超える電車もあるうえ、ドアが頻繁に開閉し、おおぜいの乗客が乗降する。

このような大きな車内環境の変化に対応しなくてはいけない反面で、昼の定員以下の閑散時には冷え過ぎに配慮しなければならないのだ。このきびしい稼働環境に応えている、通勤電車の空調機器を見ていこう。

◆家庭用エアコン20台分

車両の冷房設計で考慮される熱の出入りは、乗客からの発熱、走行中の隙間風や強制換気に伴う外気の熱、駅でのドア開閉・旅客の乗降によって侵入する換気熱、太陽光により車体全体に与えられる日射熱、外気と車内の温度差から車体を通って伝達される熱、車内照明等から発せられる機器熱などがある。

これら熱の総計と冷房装置の能力から、種々の条件下でつり合う車内温度を求め、総合的に適切な冷房能力を決定する。

1998年以前では、標準的な通勤電車の20m車両では、48.8kW（4万2000kcal/h）が一般的だった。しかしこれでは、ラッシュ時に200％を超えるような路線で、装置の経年劣化の影響もあって、能力が不足することがしばしば見られた。

大容量の冷房装置を搭載しても、適切に制御すれば消費電力の無駄も少なく、冷え過ぎもないはずだ。そこでラッシュ時を想定した必要能力の計算を行い、58.1kW（5万kcal/h）以上の装置を搭載する車両も多くなってきた。

ちなみに木造住宅6畳向けルームエアコンの冷房能力は2～2.5kW程度。すなわち20m車両1両の冷房装置で、家庭用エアコン20～30台分の冷房能力があることになる。

◆車両用冷房装置

通勤電車では、一体型冷房装置（ユニットクーラ）が屋根上に搭載されている。図11－3にユニットクーラの構成を模式的に示す。

冷房の原理は、

①気体（ガス）を圧縮すると温度と圧力が上がる。

②熱を取り去ると気体と液体の混合体になる。

③液体が膨張すると気化し、その時に周囲の熱を奪う。

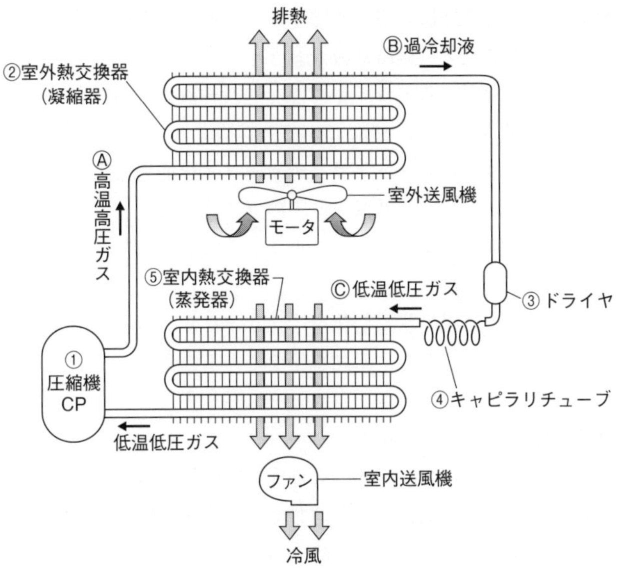

図11-3　ユニットクーラの原理

——という3つの作用を組み合わせたものだ。

圧縮機で冷えるパワーをもらい、車外では熱を放散し冷える準備をした後、低温の気体に変身して車内の空気を冷やす熱の運び屋（冷媒）がいる。

冷媒には、蒸発しやすいこと、蒸発する際奪う熱量が大きいことなどが要求される。車両用の冷媒は、オゾン層破壊係数がゼロのR407C（HFC：ハイドロフルオロカーボン）を使用している。

まず冷媒ガスのハイドロフルオロカーボンを圧縮機①で圧縮すると、高温高圧のガスⒶになる。このガスが室外熱交換器②を通る間に、薄いアルミフィン（0.1mm強の箔状のひだ）を介して、室外送風機の風で放熱する。温度が下がった冷媒は気体と液体の混合体（過冷却液）Ⓑとなる。

その後に通過するドライヤ③は、過冷却液の不純物を取り除くための部品である。

過冷却液は、細いキャピラリチューブ④を通過後広い空間で膨張する時に気化熱で低温・低圧のガスⒸになる。

ガスⒸは室内熱交換器⑤のアルミフィンを通じて、室内の暖かい空気から熱を奪う。

この一連の冷媒の状態変化を冷凍サイクルという。冷凍サイクルを繰り返すことで、室内を冷房できるのだ。

◆除湿の方法

また、冷房だけでなく除湿も可能な冷房装置もある。

その原理は基本的に冷房と同じで、室内熱交換器で室内の空気から熱を奪う際に、水分も除去される効果を利用している。

ただし、冷凍サイクルでは水分だけを除去することはできないため、季節の変わり目には冷え過ぎてしまう。そこで、冷房装置内にヒータを組み込み、冷凍サイクルで除湿した後の冷え過ぎた空気を、再加熱（リヒート）して設定温度の乾燥した空気にする。

その空気は冷房と同じルートで車内へ戻し、梅雨時期などの蒸し暑い車内環境を改善している。

◆屋根上搭載型ユニットクーラ

圧縮機は、大容量の冷房装置には軽量で振動も少ないスクロール式（203ページ図8－12参照）、小容量用にはロータリー式が使われている。

写真11－3に東京メトロ10000系のユニットの外観と内部を

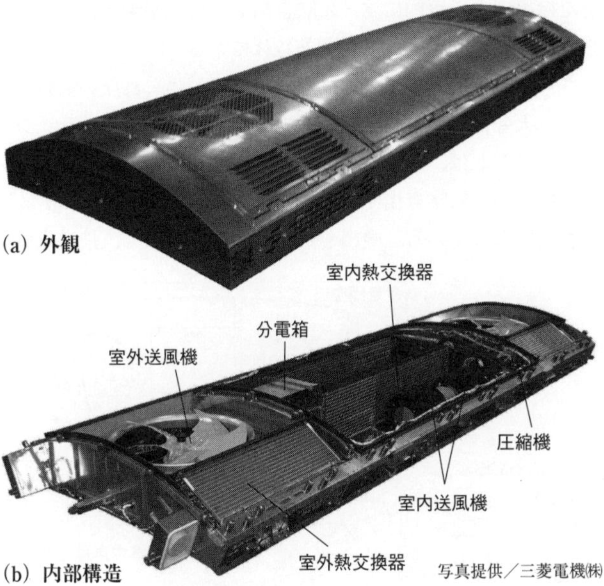

(a) 外観

(b) 内部構造　写真提供／三菱電機㈱

写真11-3　ユニットクーラ

示す。

大容量の装置を屋根上の狭いスペースに収容する制約から、最近では横置き形が標準となっている。

同様の観点から熱交換器も、フィンの密度を高めるとともに、熱交換器自体を傾斜させることで有効面積を広くし、コンパクトながら高効率となる工夫がされている。

◆ 車内の空気循環

こうして温度や風量を調整された冷風は、ユニットクーラから天井内の車体全長にわたって設けたメインダクトに導かれ、さらに風量調整口を経由してサブダクトに流れ、スリットを備えた冷風口から車内に均一に吹き出す。冷風が乗客に直接あたらないように風向と風量が調整されている。

さらに、この冷房風量だけでは清涼感が得られない場合も考慮し、天井付近にラインフローファンを設けている。ラインフローファンとは、羽根車の上方から空気を吸い込み、下方から首を振るように吹き出す送風機で、首振り角度は60～80°くらいが用いられている。噴出し口を長くできるので、鉄道車両の

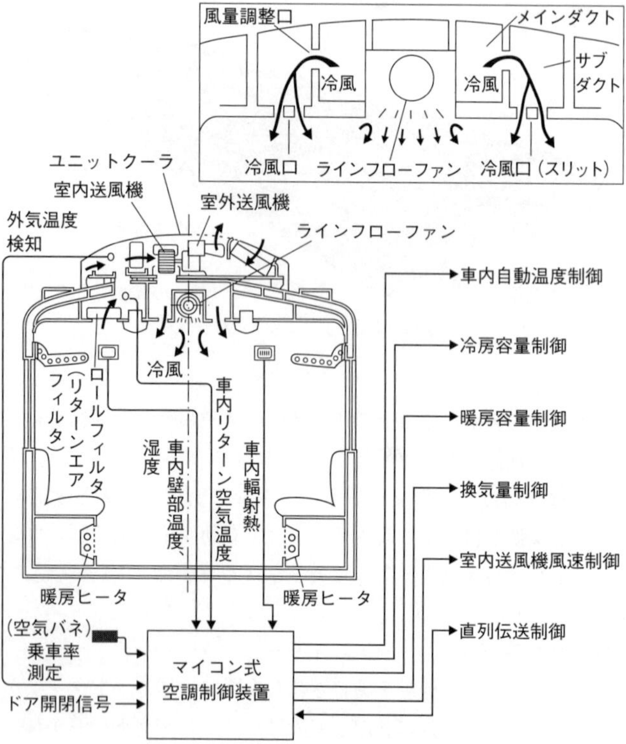

図11-4　車内の空気循環システム

天井ファンによく使われている（図11－4）。

◆快適な車内環境の制御

1980年代後半になると、空調にもマイコン制御が導入された。温度、湿度、乗車率（空気バネの圧力から算出）などの情報をマイコンに取り込み、その車両に必要な冷房能力を計算し、自動的に制御する容量制御方式が登場した。

ラインフローファンの強弱自動制御も行われるようになった。

その結果、すばやく室内の空気の温度を快適な範囲へ調節することができ、冷え過ぎ防止にも配慮した人に優しい制御の基本形が確立した。

冷房装置の容量制御方式には、圧縮した冷媒ガスの一部を圧縮機内でバイパスすることで容量を変化させる方法などが用いられている。これにより、1台の圧縮機で入・切と中間の3段階制御が可能となった。

◆暖房装置

暖房については、集電した電力を電車の座席下に設けた電気ヒータ（抵抗器）に直接供給する方法が早くから採用されていた。比較的簡単な仕組みだが、列車全体に電力線を引き通し、しかも使用電圧が高い（1500V）ので、絶縁対策が重要だった。

通勤電車でのこの暖房方式は、座席下カバー（ケコミ）の中の床面にシーズヒータを配置してある。自然対流でケコミのスリットから漏れる暖気により、客室全体を暖めるとともに、座席シートを通して、座っている人を直接、暖めている。

シーズヒータとは、金属パイプの中にコイル状の電熱線を耐熱絶縁材とともに封入した発熱体である。熱効率が高く、振動、衝撃など機械的強度に優れ、高温多湿下においても電気的絶縁性が高いので、鉄道車両に適している。

その温度制御には、同じくケコミの中に設けられたサーモスタットにより、設定温度で入・切するシンプルなものだった。

やがて冷房装置を使うようになると、暖房にも集電したままの高電圧ではなく、冷房と同じ補助電源装置（SIV）からのAC200Vや440Vの電源を使うようになった。

そして近年、腰掛の構造を片持ち式として座席下のケコミを廃止する鉄道会社が多くなると、個別の暖房装置を座席の下面に吊る方式になってきた（245ページ図11－1b参照）。

さらに最近では、冷房装置をルームクーラと同じように冷暖房共用の構造（ヒートポンプ式）とする車両もある。これを利用して、早朝の始発列車などは、出庫前に車内を急速暖房する例もある。

参考文献

全般

(1) 宮本昌幸：図解・鉄道の科学，講談社，2006
(2) 宮本昌幸：ここまできた！鉄道車両—しくみと働き，オーム社，1997
(3) ㈶鉄道総合技術研究所鉄道技術推進センター・他：わかりやすい鉄道技術［鉄道概論・車両編・運転編］，2005
(4) 電気鉄道ハンドブック編集委員会編：電気鉄道ハンドブック，コロナ社，2007
(5) ㈶鉄道総合技術研究所：鉄道技術用語辞典，丸善，1997
(6)「JIS E 4001：1999　鉄道車両用語」2009年改正原案（2010発行予定）

第2章

(1) 高速車両用輪軸研究委員会編：鉄道輪軸，丸善プラネット，2008

第3章

(1)「JIS E 7103：2006 鉄道車両—旅客車—車体設計通則」
(2)「JIS E 7105：2006 鉄道車両—旅客車用構体—荷重試験方法」
(3)「JIS E 7106：2006 鉄道車両—旅客車用構体—設計通則」
(4)「JIS E 6602：2004 鉄道車両用空気調和装置」

第4章

(1) ㈳日本鉄道車輌工業会規格「JRIS R 1002：2005 鉄道車両—側引戸設計標準」
(2)「JRIS R 1003：2007 鉄道車両—妻引戸装置設計標準」
(3)「JRIS R 0219：2003 鉄道車両—側窓ガラス取付設計標準」

第5章

(1)「JIS E 5004-1：2006 鉄道車両—電気品第1部—一般使用条件及び一般規則
(2) ㈱東芝パンフレット，電鉄用直流酸化亜鉛形避雷器，1986
(3)「JRIS D 1010：2005 鉄道車両—自動電気連結器—機構内蔵式」

第6章

(1) 飯田秀樹・加我敦：インバータ制御電車概論，㈱電気車研究会，2003
(2) 原田博志・兼井延浩・坂根正道・濱名宏彰：鉄道車両用駆動機器の低騒音化，三菱電機技報，VOL. 80，51，2006
(3) 木島裕之・坂根正道：190kW外扇式全密閉型誘導電動機の実用化検証，R&m，VOL. 15，No. 8，12，2007
(4) 板垣匡俊・他3名：小田急電鉄4000形通勤電車，車両技術，NO. 235，105，2008

第7章

(1) 第6章文献（1）

第8章

(1) 近藤昭次：鉄道車両のブレーキ，日本機械学会誌，VOL. 84，NO. 757，1304，1981

第9章

(1) 昭和鉄道高等学校編：図解 鉄道のしくみと走らせ方，かんき出版，2007.
(2) 篇本芳人：ATC速度制御の変遷，JREA，VOL. 49，NO. 9，45，2006.
(3) 三澤厚司：東西線用新型ATC装置の導入，JREA，VOL. 50，NO. 8，37，2007.
(4) 村本道明・中野良男：田園都市線・新玉川線の新しいATCシステム，電気車の科学，VOL. 44, NO. 5，18，1991.
(5) 染谷英巳：銀座線における新運転保安システムの導入，電気車の科学，VOL. 44，NO. 5，26，1991

(6) 三栖庸宣：東京急行電鉄田園都市・新玉川線新ATCシステムの導入とダイヤ改正，鉄道ピクトリアル，VOL. 41，NO. 6，97，1991
(7) 曾根悟：信号と運転保安の考え方，鉄道ピクトリアル，VOL. 48，NO. 7，10，1998
(8) 白土義男：信号システムの移り変わり，鉄道ピクトリアル，VOL. 48，NO. 7，19，1998
(9) 帝都高速度交通営団車両部：架け橋　営団地下鉄2500両の歩み．122，2004
(10) 帝都高速度交通営団電気部編：電気部50年のあゆみ，197，1991
(11) 高重哲夫：ディジタルATC，RRR 2008. 2，30，2008

第10章

(1) 竹山雅之・増渕洋一：車両情報制御システムの現状と今後の展望，鉄道車両と技術，NO. 115，2，2006
(2) 板垣匡俊・野中俊昭：小田急4000形の車両電気技術と今後の展望，電気学会産業応用部門大会講演論文集（CD-ROM），2007
(3)「JRIS R 1643：2010 鉄道車両—高輝度放電灯（HID）式前部標識灯」

第11章

(1)「JRIS R 0122：2006 鉄道車両—握り棒」
(2)「JIS E 7104：2002 鉄道車両旅客用腰掛」
(3)「JRIS J 0721：2008 鉄道車両—つり手の標準」
(4)「JRIS R 1010：2010 鉄道車両—荷物棚の設計標準」
(5) 浜崎信義・他：快適な車両用空調装置，鉄道車両と技術，NO. 91，32，2003

図版出典

A：小田急電鉄㈱／B：東京地下鉄㈱／C：東急車輛製造㈱／D：住友金属工業㈱／E：㈱日立製作所／F：三菱電機㈱／G：三菱重工業㈱／H：東洋電機製造㈱／I：日本車輌製造㈱／J：㈱東芝／K：㈱ブリヂストン／L：ナブテスコ㈱／M：アルナ輸送機用品㈱／N：㈳日本鉄道車輌工業会／O：㈳日本民営鉄道協会

図1－2D／図1－3B，D／図1－4B，D／図1－6文献0－1／図1－8元図A，I，K
図2－2D，H／図2－3D／図2－4元図I／図2－5D／図2－6D／図2－7元図文献2－1／図2－8N，D，C／図2－9D／図2－12文献0－1
図3－1(b)B／図3－2元図O／図3－3A／図3－4N／図3－5C／図3－6C／図3－7B，E／図3－10元図E
図4－1元図C／図4－2元図L／図4－3元図L／図4－4文献4－1／図4－5N，C，E，I／図4－6文献4－3／表4－1文献4－3／図4－7M／図4－8M
図5－2H／図5－3元図C，N／図5－5H／図5－6元図文献5－1／図5－7元図F／図5－9元図N，文献5－2
図6－2元図文献6－1／図6－3元図文献0－1／図6－4文献6－2，3／図6－6文献6－4／図6－7A
図7－1A，J／図7－2元図文献0－3／図7－4F／図7－5元図文献6－1／図7－7文献6－1
図8－2元図A／図8－3G／図8－4C／図8－5元図文献0－3，6－4／図8－6G／図8－8G／図8－9G／図8－11F／図8－12F／図8－13文献5－2
図9－1～6元図文献9－1／図9－7B／図9－8B／図9－9元図文献9－5
図10－1A／図10－2N，文献10－3／図10－3N
図11－1C／図11－2元図C／図11－3B／図11－4元図F

さくいん

＜欧文＞

＜あ行＞

＜か行＞

<さ行>

＜た行＞

<な行>

<は行>

＜ま行＞

＜や行＞

＜ら・わ行＞

N.D.C.546　270p　18cm

ブルーバックス　B-1660

図解《ずかい》・電車《でんしや》のメカニズム

通勤電車を徹底解剖

2009年12月20日　第1刷発行
2017年5月23日　第5刷発行

編著者　宮本昌幸《みやもとまさゆき》
発行者　鈴木　哲
発行所　株式会社講談社
〒112-8001 東京都文京区音羽2-12-21
電話　出版　03-5395-3524
販売　03-5395-4415
業務　03-5395-3615
印刷所　(本文印刷) 豊国印刷株式会社
(カバー表紙印刷) 信毎書籍印刷株式会社
本文データ制作　講談社デジタル製作
製本所　株式会社国宝社

定価はカバーに表示してあります。

ISBN978-4-06-257660-4

発刊のことば

科学をあなたのポケットに

二十世紀最大の特色は、それが科学時代であるということです。科学は日に日に進歩を続け、止まるところを知りません。ひと昔前の夢物語もどんどん現実化しており、今やわれわれの生活のすべてが、科学によってゆり動かされているといっても過言ではないでしょう。

そのような背景を考えれば、学者や学生はもちろん、産業人も、セールスマンも、ジャーナリストも、家庭の主婦も、みんなが科学を知らなければ、時代の流れに逆らうことになるでしょう。

ブルーバックス発刊の意義と必然性はそこにあります。このシリーズは、読む人に科学的に物を考える習慣と、科学的に物を見る目を養っていただくことを最大の目標にしています。そのためには、単に原理や法則の解説に終始するのではなくて、政治や経済など、社会科学や人文科学にも関連させて、広い視野から問題を追究していきます。科学はむずかしいという先入観を改める表現と構成、それも類書にないブルーバックスの特色であると信じます。

一九六三年九月

野間省一